软件测试丛书

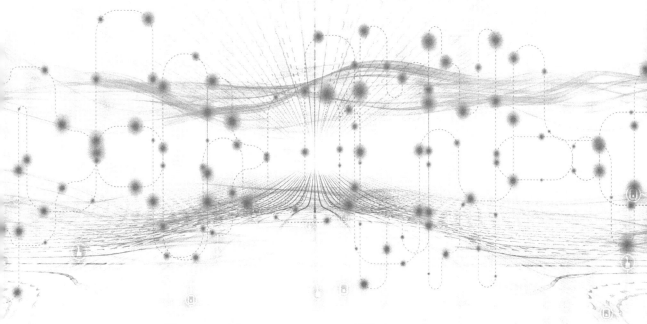

Continuous Testing

持续测试

陈磊◎编著

人民邮电出版社

北 京

图书在版编目（CIP）数据

持续测试 / 陈磊编著. -- 北京 ：人民邮电出版社，
2022.9（2023.12重印）
（软件测试丛书）
ISBN 978-7-115-59346-7

Ⅰ．①持… Ⅱ．①陈… Ⅲ．①软件－测试 Ⅳ.
①TP311.55

中国版本图书馆CIP数据核字(2022)第088991号

内 容 提 要

本书旨在讲述如何通过持续测试交付一个功能完善、质量完美的系统，满足测试人员快速交付、快速迭代的需求。本书首先概述了什么是持续测试，以及持续测试和自动化测试的异同，介绍了如何提升持续测试的效率和效果，然后讨论了如何通过持续测试中的非功能性测试保障软件的可靠性、可用性、可移植性、性能效率等质量特性，如何通过建立质量门禁保障所交付系统的质量，并通过自动化提升质量效能，最后介绍了持续测试技术的发展，讨论了如何通过有效的度量促进质量的成熟，以及持续测试下测试工程师的自我修养。

本书适合测试人员阅读。

◆ 编　著　陈　磊
　　责任编辑　谢晓芳
　　责任印制　王　郁　焦志炜

◆ 人民邮电出版社出版发行　　北京市丰台区成寿寺路 11 号
　　邮编　100164　电子邮件　315@ptpress.com.cn
　　网址　https://www.ptpress.com.cn
　　北京七彩京通数码快印有限公司印刷

◆ 开本：800×1000　1/16
　　印张：14.25　　　　　　　　　2022 年 9 月第 1 版
　　字数：300 千字　　　　　　　 2023 年 12 月北京第 3 次印刷

定价：79.80 元

读者服务热线：**(010)81055410** 印装质量热线：**(010)81055316**
反盗版热线：**(010)81055315**
广告经营许可证：京东市监广登字 20170147 号

作者简介

　　陈磊，阿里云 MVP（Most Valuable Professional，最有价值专家），华为云 MVP（最有价值专家），中国商业联合会互联网应用工作委员会智库专家，中关村智联软件服务业质量创新联盟软件测试标准化技术委员会委员，*Asian Journal of Physical Education & Computer Science in Sports* 编委会委员。编写过《接口测试方法论》，参与编写过《京东质量团队转型实践：从测试到测试开发的蜕变》《决战 618：探秘京东技术取胜之道》，在极客时间开设过"接口测试入门课"，在拉勾教育开设过"软件测试第一课"，担任过《测试敏捷化白皮书》和 2021 年的《研发效能实践指南》副主编。具有多年质量工程技术实践经验，精通研发效能提升、手工测试团队自动化测试转型实践、智能化测试等，公开发表学术论文近 30 篇，拥有 20 余项专利，并且是国内 TiD 质量竞争力大会、NCTS、MAD、MPD、TICA、DevOpsDays 等技术峰会的演讲嘉宾或技术委员会成员。

本书赞誉

随着业务复杂度的提升，为了使业务系统在多种操作系统、应用客户端友好适配，大量企业采用 DevOps 敏捷开发，通过自动化流程，使软件构建、测试与交付更加快捷和可靠。持续测试是 DevOps 开发流程的重要组成部分。在整个项目交付中，不仅执行自动化测试，还需要持续地对业务和技术风险进行评估、分析，以保障业务连续、稳定运行。通过阅读本书，我们可以掌握持续测试的实施步骤，建立持续测试体系，结合自身测试修养，形成自己团队的测试文化。本书还提供了丰富的示例，理论联系实践，有助于读者真正掌握持续测试的要点。

—— 白连东，PerfMa 公司技术 VP，IT 东方会联合发起人

当前软件已经渗透到各行各业，为越来越多的工作场景带来效率的提升，软件的复杂度不断提升，对质量保障的要求越来越高，测试是质量保障和改善的重要反馈回路，通过快速、持续、有效的测试反馈，我们能以更低的成本提升软件质量。对于持续集成与持续发布，要配合持续测试才能完成软件研发活动的闭环，才能有效地保证软件价值的顺利交付。本书深入浅出地介绍了测试活动各个方面的道、法、术、器，特别提出通过测试左移与测试右移实现全环节的质量内建。本书能为关注软件质量的读者带来启发。

—— 冯斌，ONES 公司联合创始人兼 CTO

最近这几年 DevOps 越来越流行，相关的图书比较多，但对持续测试的关注相对较少。在现在变幻莫测的时代，只有持续、快速地交付有价值且有质量的产品或者服务，才能应对剧烈的变化和竞争。要实现这一点，持续测试是至关重要的一环。本书系统阐述了持续测试的重要性、方法和流程，是软件研发团队实践持续测试的参考指南，推荐每一位测试管理人员或者项

目管理人员阅读。

—— 王春生，禅道项目管理软件创始人

作者在测试领域耕耘十几年，特别是在自动化测试和接口测试方面的功底在本书中得到了充分体现，而且本书涉及目前主流的测试技术，从全链路压测、流量录制技术、精准测试、智能化测试到测试平台化、混沌工程等。本书对测试工程师的工作和自我提升都有良好的参考价值。

—— 朱少民，QECon 大会发起人，《全程软件测试》

《敏捷测试：以持续测试促进持续交付》的作者

近十年在业界流行的"极限编程"的原理是，如果某项活动对软件的最终质量有好处，那么我们就把它推行到极致，例如，既然代码审查有好处，那么我们为何不把它推行到极致，让代码审查在编码的时候就发生呢？这就是"结对编程"的由来。如果测试是保证软件质量的重要手段，那么我们为何不把测试推行到极致，做到"持续测试"？为什么不在软件生命周期的每一步都主动用测试来保证质量？在测试技术和质量保障方面，陈磊实践了十几年，非常高兴看到陈磊在这个领域的深入思考和经验总结。持续测试能帮助我们在早期就发现问题，解决问题，大幅度降低交流成本和软件修复成本，提高软件开发和维护的效率。每个产品经理和研发人员都会从本书中获得短期与长期的收益。强烈推荐本书！

—— 邹欣，CSDN 副总裁

本书是一个很好和大胆的尝试，作者将软件测试和软件质量保障理论与自己丰富的实践经验相结合，并尝试以国际标准和国家标准、行业规范等作为质量保障的基础，精心编写了本书。作者以软件测试人员的身份讲述了很多新概念和新方法，让读者不仅能从本书中系统化地了解软件测试的理念、理论、技术和方法，还能从本书中获得宝贵的实践经验，从而更好地规避风险，更好地完成质量保障工作。本书适合作为软件测试从业者的学习资料和参考书。

—— 周震漪，ISTQB 中国分会（CSTQB） 副理事长，TMMi 基金会中国分会副理事长

推荐序 1

信息技术的快速发展和数字化转型的不断深入大幅推动了软件产品的发展，软件研发的迭代速度越来越快，用户对软件质量的要求越来越高，传统的软件测试流程与方法已无法适应目前的研发模式。

我们需要从研发的底层逻辑的视角去发现问题，然后用问题驱动的方式将测试模式从传统低效的形态逐渐演变为符合时代要求的高效模式。高效的测试模式之间会有竞争，比如，出现高效测试模式的各种不同实践形态。然而，高效的测试模式和低效的测试模式之间不会有竞争，只会有"逐步取代"。

多行业专家认为，软件研发效能的提升需要保持 5 个持续，它们分别是持续开发、持续集成、持续测试、持续交付和持续运维。所以，掌握持续测试的知识体系并能够在实践中灵活应用俨然已成为现在软件测试从业者的"硬实力"。

当软件处于单体架构中时，一个理解需求并且掌握黑盒业务测试的人就很专业；在前后端分离的分布式架构时代，一个掌握接口测试的人就能比别人更快地解决问题。而在微服务架构大行其道且系统复杂性不断提升的今天，全面理解和掌握持续测试的人才有机会获得最终的成功。

国内外优秀公司的先进测试实践已经告诉我们，我们迫切需要将原本处于软件研发生命周期后期的测试活动提前，将其贯穿于整个软件研发的全生命周期，而不再是后期通过系统测试来发现问题，这是实现软件质量内建的最佳途径。

落到具体实践中，我们需要以持续测试为主线，将各个研发环节的各种测试能力和流水线相结合，并且通过设立质量门禁达到系统化运作。如果你对这部分内容感兴趣，并且希望更深入了解业界的探索和最佳实践，那么本书将会是你的案头书。

全书以持续测试为主线，不仅系统性探讨了各类自动化测试在持续测试过程中的作用，详细介绍了各类非功能性测试和混沌工程，还讲述了持续测试中的很多前沿实践，如流量录制回放、测试代码生成、精准测试和智能化测试。另外，本书还对质量运营和测试工程师的自我修养展开了讨论。本书系统展示了持续测试的知识全景图，能够让广大读者受益匪浅。强烈推荐本书。

茹炳晟

腾讯微信支付技术主管

腾讯研究院特约研究员

中国计算机学会 TF 研发效能 SIG 主席

推荐序 2

一口气读完书稿，我的第一感受就是，本书出得太晚了，如果早读到本书，或许在对测试的理解上，我可以少走很多弯路。

今天的软件越来越复杂，规模越来越庞大，对测试的要求也越来越高，持续测试已经成为保证软件质量的必然选择。测试技术最近几年发展得很快，各种新的理念、新的工具层出不穷，你一定听说过测试左移、测试右移、精准测试和全链路压测等新词汇，测试开发成为测试工程师进阶的必选技术，测试从业者的职业焦虑与日俱增，他们经常对如何提升自己在测试上的认知不知所措。

本书作者拥有丰富的一线经验和广阔的视野，从一个整体的视角系统讲述测试的工作内容，深入讨论各个层面的测试工作与测试用到的各种技术。作者用平实的文字讲述新技术，并结合实战案例和代码，讲述新技术的应用。

大多数关于测试的书注重介绍具体技术，而很少讨论如何建立测试的整体认知，本书介绍了这方面的知识。

从测试左移、测试、测试右移的关系，到持续测试中自动化测试的各个层面，再到非功能测试的各项专项测试，最后延伸到测试的度量和质量门禁，本书既有对理论知识的解析，又有各种技术的介绍，还有落到组织层面的具体实践，几乎可以作为测试管理的手册。

本书应该成为每个测试总监以及立志成为测试总监的读者的案头书。我计划给云测公司每个测试人员买一本，作为他们职业进阶的助推器。

徐琨

北京云测总裁

推荐序 3

我们正身处数字化转型的关键节点上，数字化对每一个行业产生着深刻的影响。在这个时代，每家公司的发展都离不开软件研发和信息技术，而通过什么样的方法、技术和实践，才能更快、更高质量、更可靠、可持续地交付更优的业务价值，是每家公司都要面对的课题。

如今，敏捷方法已经发展了二十多年，DevOps 的应用也持续了十多年，相关的理念和方法已经深入人心，在业界越来越多的公司和行业实践者采用这些相对"新"的方法来改善研发流程，优化工程能力，提升技术能力，这在一定程度上也推动了研发效能的提升。

但是，在研发的整个过程中，质量一直是一个绕不过的话题。我们经常听到有人说"天下武功，唯快不破"，追求持续的、快速的研发以实现需求，让产品从想法到实现，直至交付给客户的速度足够快，面向市场的时间足够短，对于提升和维持企业的竞争力至关重要。但是，我们交付的产品都是有一定质量要求的，快速交付给客户质量有瑕疵的产品不但不会产生任何价值，而且会引起投诉和客户流失。所以，我们在当前的环境下，既要关注效率，也要重视质量，既要"快"，也要"好"。

在关于效率与质量的阐述中，曾经有一个演讲让我印象深刻。作为 DevOps 运动和社区活动在国内的主要推动者之一，我与朋友们每年都会筹办并组织几次 DevOpsDays 大会，有机会目睹一些行业前沿的技术分享。记得，2018 年，我们邀请到了一位精通精益方法的国际嘉宾，他在大会上分享时提到：The "Speed" is the "Quality", The biggest "Muda" is "Re-Do"。"Muda"是一个源自精益生产的日文术语，表示"浪费"的意思。也就是说，研发过程中最大的浪费就是返工，就是在研发的上游没有把控好质量，而缺陷和瑕疵被传递到研发的下游，从而产生浪费。所以，我们要从提升质量方面提高效率，质量和效率是有机的整体，不是相互对立的，而是相互依存、彼此促进的。

那么，我们如何保持研发效率和产品质量的平衡并使二者相互促进？答案之一就是在研发中引入持续测试。本书给出了持续测试的明确定义：持续测试是在软件交付生命周期过程中，以防控业务风险为目的，将每一个业务交付阶段都辅以测试活动进行质量保障，并尽最大可能自动化，通过测试结果不断地反馈给制品交付过程的测试实践活动。所以，我们不仅要应用一系列方法、技术和实践把传统意义上的测试工作做好，还要推进测试左移和测试右移。通过测试左移，持续不断地进行测试，提前发现产品缺陷，降低缺陷发现、排查和修复成本；通过测试右移，在产品发布上线或者交付客户后仍然持续进行一些与质量相关的活动，从而保障业务连续性，提升交付后的质量。

本书的作者是测试领域的专家，曾经供职于进行大规模软件研发的企业，不仅精通测试各个领域的方法、技术、实践，还对在当前环境下如何实现持续测试有着深刻的理解。本书的内容全面详细，从测试理念和方法，讲到自动化测试、非功能测试等测试技术；从 DevOps 持续交付流水线及其质量门禁，讲到契约测试、流量录制、精准测试、智能测试等最新实践；还包括对质量度量、测试工程师自我提升等内容的精彩阐述。本书的出版可谓恰逢其时，很好地结合了时代发展的特点和研发人员的诉求，本书对想在测试领域持续提升技能或者对该领域感兴趣的读者有很大帮助。

张乐

腾讯技术工程事业群 DevOps 与研发效能资深技术专家

序

我从事软件测试领域的工作已经有十多年了。2009 年硕士毕业后，我就入职了一家第三方评测机构并成为一名软件测试工程师，在这家公司里所有的工程师都是测试工程师，所以我刚刚入行时，就接触了各种各样的软件测试工程师，如功能测试工程师、性能测试工程师、安全测试工程师等，这些不同的软件测试工程师做着不同方向的工作。

起初，我认为不同岗位名称的软件测试工程师的工作内容不同，但随着工作经验的积累和专业方向的不断深入，我逐渐发现不同岗位的软件测试工程师有一致的测试理论依据，它们是基于同一理论的细分。于是，我开始从更底层的视角来审视测试工作的内容。对于很多刚入行的软件测试工程师来说，构建一套完整的测试知识体系对完成基础任务的影响并不明显，但是随着职业发展，缺失测试知识体系会让你事倍功半，甚至举步维艰。

和所有人一样，在职业发展初期，我也是一名功能测试工程师。而对于初入测试行业的我来说，最初的印象是"测试工作=文档工作"。

刚参加工作时，我绝大部分时间在编写文档，如测试需求、测试计划、测试方案、测试报告等过程文档。同时，对于每一个测试过程，团队都会召开一次评审会，因此我还要为每一个过程文档都配上评审会纪要。于是，我每天都被各种格式的文档支配着。

那时我当然也有一些困惑，不太能理解我的工作内容究竟有何价值。另外，我也接触了性能测试工程师的工作，每天看着他们调试脚本、设计测试场景、执行负载测试、预测可能发生的问题，以及和研发人员一起调整参数或者代码等，而在我心中这才是高级测试工程师该做的工作。

随着测试工作的不断深入，我逐渐能为软件质量的标准和实际工作内容建立起映射关系。当时使用的标准还是 GB/T 16260，标准中提出了六大质量特性，即功能性、效率、可靠性、易用性、可维护性和可移植性。随着从质量的角度来考虑问题，我重新审视了当时在公司的各种测试工程师，这才发现原来每一个细分的测试工程师岗位对应的都是一部分国标的检查项，缺一不可，因此我修正了"性能测试才是高级测试工程师的工作"这种错误的认知。

后来，GB/T 25000 将质量特性升级为八大质量特性，增加了信息安全性和兼容性两个特性，这也是依据软件发展趋势及质量保障的重点而做的变更。进一步理解测试标准之后，我逐渐对测试工作有了很多新的认识，并在此基础上将很多理论在实践中落地。随着时间的流逝，我掌握的测试知识形成了体系。

而对于测试工程师，很多人存在错误认知。由于对测试知识缺乏了解，很多人认为测试就是"点工"，是一个凭借耐心就可以完全胜任的工作岗位，这就完全低估了测试工程师的工作难度，这也是为什么很多测试工程师在入行 3 年以后，就迅速到达了职业瓶颈，最终要么转行，要么业绩平平。

在入职京东后，作为一名测试架构师，我的主要工作就是通过技术手段提升质量效能，解决快速交付和手动测试之间的矛盾。在这段时间，我带领团队成员开发了一套自动化测试框架，这套框架可以完成测试代码生成、测试数据推荐、测试执行、测试结果收集等工作，但这些归根到底都是测试体系的机器实现，并没有逃脱测试体系的范围。

随着 DevOps 的出现，软件测试的滞后性和低效能大大制约了研发效能的提升。这也促使软件测试发生了改变。为了让测试能够满足持续交付的效率和质量的要求，持续测试就此诞生。持续测试通过测试左移、测试、测试右移，覆盖了整个软件开发周期，同时通过质量度量和质量运营促进质量改进，从而实现良性循环。

本书并不是一本纯理论著作，而是一本实践指导用书。本书从持续测试的本质开始讨论，尽可能以通俗易懂的语言讲述什么是持续测试，以及如何将持续测试应用到工作中。本书既包含了测试左移、测试、测试右移的方法论，也包含了质量门禁、静态测试、动态测试等实践方案。同时，本书还介绍了接口自动化、验收自动化等常规自动化测试手段在持续测试中的应用，并从质量度量、质量运营两大方面讲解了持续测试如何促进持续改进。本书还讲述一些测试技术的本质、测试平台化的发展趋势，以及智能化测试框架的使用，从而为持续测试奠定了技术基础。

如果你对软件质量和测试感兴趣，相信本书对你有所帮助。

陈磊

服务与支持

本书由异步社区出品，社区（https://www.epubit.com）为您提供后续服务。

提交勘误信息

作者和编辑尽最大努力来确保书中内容的准确性，但难免会存在疏漏。欢迎您将发现的问题反馈给我们，帮助我们提升图书的质量。

当您发现错误时，请登录异步社区，按书名搜索，进入本书页面，单击"提交勘误"，输入错误信息，单击"提交"按钮即可，如下图所示。本书的作者和编辑会对您提交的错误信息进行审核，确认并接受后，您将获赠异步社区的 100 积分。积分可用于在异步社区兑换优惠券、样书或奖品。

与我们联系

我们的联系邮箱是 contact@epubit.com.cn。

如果您对本书有任何疑问或建议，请您发邮件给我们，并请在邮件标题中注明本书书名，以便我们更高效地做出反馈。

如果您有兴趣出版图书、录制教学视频，或者参与图书翻译、技术审校等工作，可以发邮件给我们；有意出版图书的作者也可以到异步社区投稿（直接访问 www.epubit.com/contribute

即可)。

如果您所在的学校、培训机构或企业想批量购买本书或异步社区出版的其他图书,也可以发邮件给我们。

如果您在网上发现有针对异步社区出品图书的各种形式的盗版行为,包括对图书全部或部分内容的非授权传播,请您将怀疑有侵权行为的链接通过邮件发送给我们。您的这一举动是对作者权益的保护,也是我们持续为您提供有价值的内容的动力之源。

关于异步社区和异步图书

"异步社区" 是人民邮电出版社旗下 IT 专业图书社区,致力于出版精品 IT 图书和相关学习产品,为作译者提供优质出版服务。异步社区创办于 2015 年 8 月,提供大量精品 IT 图书和电子书,以及高品质技术文章和视频课程。更多详情请访问异步社区官网 https://www.epubit.com。

"异步图书" 是由异步社区编辑团队策划出版的精品 IT 专业图书的品牌,依托于人民邮电出版社的计算机图书出版积累和专业编辑团队,相关图书在封面上印有异步图书的 LOGO。异步图书的出版领域包括软件开发、大数据、人工智能、测试、前端、网络技术等。

异步社区

微信服务号

目　　录

第 1 章　持续测试概述 ………………………………………………………………………… 1

1.1　概述 ……………………………………………………………………………………… 1

1.2　测试的生命周期 ………………………………………………………………………… 3

1.3　测试用例也是工程实践 ………………………………………………………………… 4

　　1.3.1　黑盒测试用例设计方法 ………………………………………………………… 6

　　1.3.2　白盒测试用例设计方法 ………………………………………………………… 12

　　1.3.3　测试用例也要分级 ……………………………………………………………… 13

　　1.3.4　测试用例的形式 ………………………………………………………………… 15

1.4　测试细分 ………………………………………………………………………………… 17

　　1.4.1　按照开发阶段划分 ……………………………………………………………… 18

　　1.4.2　按照测试实施组织划分 ………………………………………………………… 18

　　1.4.3　按照测试技术划分 ……………………………………………………………… 19

　　1.4.4　测试左移 ………………………………………………………………………… 19

　　1.4.5　测试右移 ………………………………………………………………………… 21

　　1.4.6　测试左移、测试、测试右移的关系 …………………………………………… 22

1.5　质量模型和测试 ………………………………………………………………………… 24

1.6　小结 ……………………………………………………………………………………… 28

第 2 章　自动化测试是持续测试的必要条件 ……………………………………………… 29

2.1　分层自动化测试 ………………………………………………………………………… 29

2.2　静态测试 ………………………………………………………………………………… 31

2.3　单元测试 ………………………………………………………………………………… 33

2.4　自动化测试的设计模式 ………………………………………………………………… 35

　　2.4.1　自动化测试的 PageObject 设计模式 ………………………………………… 36

　　2.4.2　自动化测试的 ScreenPlay 设计模式 ………………………………………… 48

2.5　UI 自动化新思路 ………………………………………………………………………… 49

2.6　接口测试和接口自动化测试 ···54

　　2.6.1　接口测试 ···54

　　2.6.2　接口自动化测试的价值 ··56

　　2.6.3　与接口自动化测试相关的实现技术 ···57

　　2.6.4　如何开始接口测试 ··59

2.7　测试驱动开发 ··60

2.8　小结 ···63

第3章　持续测试中的非功能测试 ··64

3.1　性能测试 ···64

　　3.1.1　性能测试工具概述 ··65

　　3.1.2　Locust 和 LoadRunner ···68

　　3.1.3　使用 Locust 完成性能测试 ··72

　　3.1.4　监控工具和结果分享分析 ··85

　　3.1.5　性能测试实践方案 ··87

3.2　全链路压测 ···90

　　3.2.1　全链路压测的本质 ··90

　　3.2.2　全链路压测是技术驱动的测试 ···92

3.3　兼容性测试矩阵 ··95

　　3.3.1　获取兼容性测试因素 ··95

　　3.3.2　兼容性矩阵设计 ··96

3.4　混沌工程和故障演练 ··97

　　3.4.1　从故障制造到混沌工程 ···97

　　3.4.2　故障演练的实施要点 ··99

3.5　小结 ···101

第4章　质量门禁和流水线 ··102

4.1　质量门禁 ···102

　　4.1.1　开发阶段的质量门禁 ···103

　　4.1.2　测试阶段的质量门禁 ···104

　　4.1.3　上线阶段的质量门禁 ···105

4.2　代码审查门禁设置 ··105

　　4.2.1　代码评审方法论 ··105

　　4.2.2　代码评审的工具支持 ···108

4.3　SonarQube 技术卡点 ··109

　　4.3.1　部署 SonarQube ···110

4.3.2 在本地开发环境中集成 SonarQube 扫描服务 ·········· 111

4.3.3 在 Maven 项目中集成 SonarQube 扫描服务 ············ 114

4.3.4 在 Jenkins 中集成 SonarQube ······················· 115

4.4 小结 ·· 118

第 5 章 测试技术和持续测试 ····························· 119

5.1 契约测试 ······································ 119

5.2 流量录制技术 ·································· 121

5.2.1 Nginx 的插件 ································· 123

5.2.2 Sandbox ······································· 123

5.2.3 TcpCopy ······································ 124

5.2.4 GoReplay ····································· 125

5.2.5 技术本质 ···································· 125

5.3 测试代码生成 ·································· 126

5.3.1 基于二进制文件的测试代码生成 ·········· 126

5.3.2 基于通用文件的测试代码生成 ············ 133

5.4 精准测试 ······································ 136

5.5 测试平台化 ···································· 138

5.6 智能化测试 ···································· 140

5.6.1 开源的智能化单元测试框架 ·············· 145

5.6.2 开源的智能化 UI 测试框架 ··············· 150

第 6 章 有效的度量促进质量的成熟 ·················· 153

6.1 正确的质量度量 ································ 153

6.2 有效的质量运营 ································ 160

6.3 小结 ·· 163

第 7 章 持续测试下测试工程师的自我修养 ············ 164

7.1 测试理论基础的必要性 ·························· 164

7.2 接纳并尝试新技术 ······························ 167

附录 A 性能测试并发用户数估算方法 ················ 170

附录 B HTTP 代理工具 ····························· 173

附录 C 关于 HTTP 应知应会的知识 ················· 178

附录 D EvoSuite 的配置和使用 ····················· 185

附录 E nmon ····································· 194

附录 F Postman ·································· 200

第1章　持续测试概述

软件测试伴随着软件工程实践的进步也在不断地进步，它从最原始的开发调试中分离出来后，在瀑布模式的软件工程实践中摸索了很长时间，目前软件测试已经贯穿软件交付生命周期的全流程。这种在软件交付生命周期的每个阶段都存在测试活动的实践就是持续测试。

1.1　概述

持续测试并不是什么全新的测试技术、测试方法，而是一种测试实践方法。Tricentis 公司的 CMO（Chief Marketing Officer，首席营销官）Wayne Ariola 在公司博客中题为"Continuous Testing: 'Perfect' Software Is not the Goal"的文章中给出了持续测试的定义：

持续测试侧重于业务风险并提供有关软件是否可以发布的决策基础。自动化测试对于连续测试至关重要，但它并非全部。自动化测试旨在生成一组与用户故事或应用需求相关的通过/失败数据检查点，而持续测试侧重于业务风险并提供有关软件是否可以发布的决策基础。除将测试用例自动化之外，持续测试还包括业务风险验证、应用服务虚拟化和状态化测试数据管理等以稳定持续测试；在每次迭代中使用探索性测试尽早发现阻碍性问题等实践。这不仅意味着使用更多的不同的工具，还要求包括技术在内的人和流程的深度转变。

Thomas Hamilton 在"Continuous Testing in DevOps: What is, Definition, Benefit, Tools"文章中也给出了持续测试的定义：

持续测试是 DevOps 中的一种软件测试类型，它主要约束在软件开发生命周期中任何阶段都有对应的测试活动，从而尽早进行频繁的测试，这也就做到了在持续交付过程中每一步都有了质量评价活动从而实现了持续测试。

除这两种解释以外，还有很多其他解释，但是都没有说清楚持续测试是什么。

持续测试其实就是一种新的测试实践，指在软件交付生命周期中，以防控业务风险为目的，对每一个业务交付阶段都辅以测试活动进行质量保障，并尽最大可能自动化，通过测试结果不断反馈给制品交付过程的测试实践活动。

随着当今软件行业的发展，信息技术的快速进步，以及人们对软件系统的理解，一次性交付一个功能完善、质量完美的系统已经不再是首要任务。快速交付一个满足用户最需要的功能的系统，后续通过快速迭代逐渐完善成为当前的主流。在这种快速交付、快速迭代的要求之下，每次交付系统时，所有的领导都会问测试工程师同一个问题："测试完了吗？"此时，如果测试工程师还抱着原来做测试的思想，就很难在短时间内回答领导的问题，而持续测试能够解决这种问题。

持续测试就是从产品发布计划开始，直到交付、运维，测试融于其中并贯穿整个开发过程，随时暴露出产品的质量风险，随时了解产品质量状态，从而满足持续交付对测试、质量管理所提出的新要求。

为了能够帮助团队构建更高质量的软件系统，测试工程师必须在整个交付过程中不断地运行测试（这里的测试既包含自动化测试，也包含手工测试），以验证开发中的系统的功能和架构。为了达到这个目标，测试人员需要从组织上和技术上共同推进。

在组织上，要允许测试工程师在整个软件交付过程与开发工程师、产品经理乃至运维工程师相互协作，从而建立制品团队共同交付高质量系统的文化。同时，在整个测试过程中，要充分发挥测试工程师的能力，广泛实现和推广探索测试。

在技术方面，最好维护一套行之有效的分层自动化测试解决方案。这里面既包含单元测试、接口自动化测试，也包含 UI 自动化测试，这样才能将质量保障工作和持续交付流水线集成到一起，通过流水线触发自动部署、自动测试，然后交付给测试工程师，完成人工主导的探索测试和可用性测试。

最后，如果在测试工程师工作步骤中未发现任何错误，则应用可以发布。通过流水线大大减少了从代码合并到发布整个过程的工作量，降低了生产环境中的错误率，开发者的绝大部分代码可以在很短的时间内完成验证，因此他们也可以快速完成修复，这就是持续测试的优越性。这也说明持续测试并非创新，而是另外一种实现方式，因此软件测试行业中已有的理论、方法在持续测试中仍然适用。

1.2 测试的生命周期

测试的生命周期是测试过程的总称，从有质量保障活动的投入开始，到系统交付提供测试结论为止，其间全部关于质量保障的活动都属于测试生命周期的范围。测试的生命周期如图 1-1 所示。

图 1-1　测试的生命周期

在需求分析环节，测试工程师的工作重点是参与需求的评审，评审的具体形式由项目组内部自行决定，评审过程中测试工程师会站在质量保障的角度给予一些意见和建议。

测试计划环节的工作重点是估算各种投入，其中最重要的一个活动就是排期。排期指在综合测试工具约束、被测试业务约束的前提下测试工作量的估算，并在上述约束下给出关键里程碑节点。这个环节的重点是工作量估算。

目前应用较广泛的工作量估算方法有以下 3 种。

❑　专家经验法：依赖测试专家的工作经验对项目工作量进行评估的一种方法。这是一种定性分析方法，容易实施、便于落地。但是其缺点很明显，最致命的缺点是不可复制，完全依赖专家，并且受专家个体约束，不同专家对相同项目的评估有可能相差很远，而且估算评估过程完全是一个黑盒，估算结果经不起推敲，缺乏科学客观性。为了规避专家经验法的问题，一般会建立一个专家组来完成工作量评估，从而将上述问题弱化，但是上述问题难以完全避免。

❑ 类比法：依据已完成项目中与本次迭代的需求类似的项目的实际工作量进行评估的一种方法。这里的重点是具备可借鉴的项目。如果没有类似的项目，那么就无法使用该方法进行工作量评估。

❑ 类推法：这种方法可以看作类比法的一种进阶方法，使用类推法的时候，将需要估算工作量的项目与类似项目或者类似的功能模块的工作量进行对比，然后再结合一些外部依赖条件对工作量进行适当的增加或者减少。

测试环境设置是约束测试工作能够正常进行的一个重要的环节，包含了支持被测系统运行的软硬件环节以及自动化测试所需的软硬件环境。在该阶段，测试工程师的主要工作就是建立测试环境，部署被测系统，部署自动化测试环境，搭建性能测试环境等。除此之外，测试环境设置还包含被测系统及测试过程都需要的一些数据支持的设置。

测试执行指测试工程师根据测试用例在测试环境中完成测试工作的过程，该环节包含手工业务测试、自动化测试、性能测试、稳定性测试、安全测试等所有测试工作，并不断地将问题反馈给开发工程师修复并完成回归验证活动。

测试周期结束后，在项目组内复盘测试报告、缺陷报告，重点讨论发现的问题，从而确定未来处理类似问题的最佳方案。该阶段的工作重点是输出详细的测试报告。

1.3　测试用例也是工程实践

测试用例设计方法是软件测试方法中的核心内容之一。很多人会觉得说到测试用例设计方法就是老生常谈，但是一说到测试用例具体是什么又解释不清楚。

IEEE Standard 610 (1990)给出了测试用例的定义："测试用例是为特定的目的而设计的一

组测试输入、执行条件和预期的结果。"

　　测试用例是执行的最小实体。简单地说，测试用例就是一个检验软件程序在某种场景下能够正常运行并且达到程序所设计的执行结果的场景设计。这就说明，如果测试工程师设计的测试用例能够验证全部的软件设计场景，那么测试活动就结束了。但是在实际测试过程中，无法穷尽所有验证场景，因此测试人员就需要从庞大的测试场景中选择有代表性的、数据特殊的测试用例来完成测试工作。测试用例应该满足的特性如图 1-2 所示。

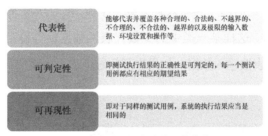

图 1-2　测试用例应该满足的特性

　　那么到底应该如何设计满足上述要求的测试用例呢？答案是使用科学的测试用例设计方法。测试用例设计方法如图 1-3 所示。

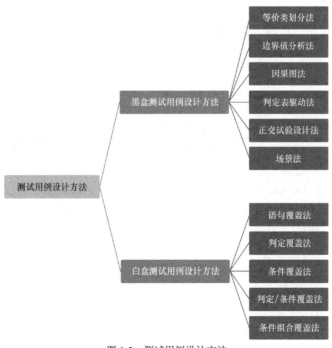

图 1-3　测试用例设计方法

1.3.1 黑盒测试用例设计方法

黑盒测试用例设计方法有很多，这里重点介绍使用频度较高的 3 个方法——等价类划分法、边界值分析法和场景法。其他方法如果读者有兴趣，可以自行查阅相关资料进行学习。

1. 等价类划分法

等价类划分法的重点是把程序的输入划分成若干类，然后从每一类中选取少数具有代表性的输入数据作为测试用例，这样某一类中的少数代表性数据就等价于该类中的其他数据。该方法基于某一类中的少数代表性输入数据，如果出了问题，那么该类中所有的数据都会出现问题；反之，亦然。

假设三角形的 3 条边分别为 a、b、c，则必须满足

$$a>0,\ b>0,\ c>0,\ 且\ a+b>c,\ b+c>a,\ a+c>b$$

如果三角形是等腰三角形，还须满足 $a=b$ 或 $b=c$ 或 $a=c$。

如果三角形是等边三角形，则须满足 $a=b=c$。

使用等价类划分法设计测试用例的第一步就是识别有效等价类和无效等价类，然后输入等价类表中。等价类表如表 1-1 所示。

表 1-1 等价类表

输入条件	有效等价类		无效等价类	
是否为三角形的 3 条边	$(a>0)$	(1)	$(a\leqslant0)$	(7)
	$(b>0)$	(2)	$(b\leqslant0)$	(8)
	$(c>0)$	(3)	$(c\leqslant0)$	(9)
	$(a+b>c)$	(4)	$(a+b\leqslant c)$	(10)
	$(b+c>a)$	(5)	$(b+c\leqslant a)$	(11)
	$(a+c>b)$	(6)	$(a+c\leqslant b)$	(12)
是否为等腰三角形	$(a=b)$	(13)	$(a\neq b)$ and $(b\neq c)$ and $(c\neq a)$	(16)
	$(b=c)$	(14)		
	$(c=a)$	(15)		

续表

输入条件	有效等价类	无效等价类
是否为等边三角形	$(a=c)$ and $(b=c)$ and $(c=a)$　(17)	$(a≠b)$　(18) $(b≠c)$　(19) $(c≠a)$　(20)

依据等价类表设计测试用例，输入是 a，b，c，如表 1-2 所示。

表 1-2　测试用例表

序号	输入 a，b，c	覆盖等价类	输出
1	6, 7, 8	(1)，(2)，(3)，(4)，(5)，(6)	一般三角形
2	0, 4, 5	(7)	不能构成三角形
3	4, 0, 5	(8)	
4	4, 5, 0	(9)	
5	1, 4, 6	(10)	
6	1, 6, 4	(11)	
7	6, 1, 4	(12)	
8	4, 4, 6	(1)，(2)，(3)，(4)，(5)，(6)，(13)	等腰三角形
9	6, 4, 4	(1)，(2)，(3)，(4)，(5)，(6)，(14)	
10	4, 6, 4	(1)，(2)，(3)，(4)，(5)，(6)，(15)	
11	3, 4, 5	(1)，(2)，(3)，(4)，(5)，(6)，(16)	非等腰三角形
12	3, 3, 3	(1)，(2)，(3)，(4)，(5)，(6)，(17)	等边三角形
13	3, 4, 4	(1)，(2)，(3)，(4)，(5)，(6)，(14)，(18)	非等边三角形
14	3, 4, 3	(1)，(2)，(3)，(4)，(5)，(6)，(15)，(19)	
15	3, 3, 4	(1)，(2)，(3)，(4)，(5)，(6)，(13)，(20)	

表 1-2 中的输入就是测试用例，输出就是预期结果。可以看出，两位测试工程师使用等价类划分法设计的测试用例可能不一样，但覆盖的等价类是一样的。

2. 边界值分析法

边界值分析法的重点是找到刚好满足和刚好不满足输入条件边界的输入数据并使用它们设计测试用例。这是目前应用很广泛的测试用例设计方法。边界值分析法如图 1-4 所示。

图 1-4　边界值分析法

边界值分析法主要包含边界条件和次要边界条件。边界条件主要从以下两个方面考虑。

❑ 需求约束边界。例如，如果用户名在需求中的约束条件是"字母、数字，并且以字母开头，长度为 5"，那么测试用例包含 criss、cris、12345、1cris、c123s、+riss、crisss。

❑ 功能依从性边界。如果测试的是一个计算器程序，那么该程序就应该和物理计算器一样，不可以在其中输入汉字、非数学运算符号的符号等。

上述边界条件主要的判定依据就是需求或者系统使用过程中的一些特性。虽然用户在使用过程中很难触碰到一些次要边界条件，但是仍有必要测试它们，如变量取值范围、ASCII 值的范围、数组越界与"空"值的表示等。

充分发挥这种基础测试用例设计方法的作用的方式是混合使用边界值分析法和等价类划分法。

3. 场景法

当今人们所面对的被测系统都是通过数字化事件的不同触发顺序实现场景数字化的。Rational 公司基于该思想提出了场景法这种测试用例设计方法。场景法中的主要工作是设计基本流和备选流。其中，基本流是主流程，备选流是程序设计的各种分支流程。基于基本流和备选流的全覆盖建立符合业务逻辑的场景，然后设计参数并实现对应的场景，完成测试用例设计。

按照软件正确的事件流，设计的测试流程就是基本流。

在基本流之上，在程序设计的各种分支流程中，重点关注业务异常的测试流程就是备选流。

假设基本流和备选流如图 1-5 所示，其中黑色表示基本流，其他颜色的箭头表示备选流。

备选流从基本流开始，在不同的条件下进入不同的流程，在完成备选流后可能结束基本流，也可能直接结束用例。

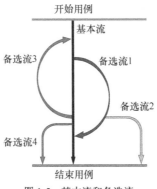

图 1-5　基本流和备选流

每一个开始用例阶段都从基本流开始，经由不同流程形成不同的测试场景。具体场景设计如表 1-3 所示。这里为了讲解清楚，只简单给出了场景法的使用示例，实际项目中的场景设计会比给出的示例复杂。

表 1-3　场景设计

场景编号	场景设计
场景 1	基本流
场景 2	基本流 备选流 1
场景 3	基本流 备选流 1 备选流 2
场景 4	基本流 备选流 3
场景 5	基本流 备选流 3 备选流 1
场景 6	基本流 备选流 3 备选流 1 备选流 2
场景 7	基本流 备选流 4
场景 8	基本流 备选流 3 备选流 4

下面以在异步社区购买图书为例进行介绍。用户只需要访问异步社区首页，输入用户名和密码，然后在搜索框中输入要购买的图书名称，单击搜索到的图书图标，进入图书详情节，单击"立即购买"按钮，结账付款，即可购买成功。这个流程是实际购买流程，其基本流和备选流呢？

基本流是访问异步社区首页，输入用户名和密码，在搜索框中输入要购买的图书名称，单击搜索到的图书图标，进入图书详情页，单击"立即购买"按钮，结账付款。

备选流如下。

- ❑　备选流 1：账户问题。

- ❑　备选流 2：密码问题。

- ❑　备选流 3：图书库存为零。

- ❑　备选流 4：图书不存在。

按照场景法设计测试用例，如表 1-4 所示。

表 1-4　购书流程测试用例场景设计

场景编号	场景设计
场景 1	基本流
场景 2	基本流 备选流 1
场景 3	基本流 备选流 2
场景 4	基本流 备选流 3
场景 5	基本流 备选流 4

以上设计的 5 个场景中每一个场景都需要对应的测试用例，一般采用矩阵或决策表来确定和管理测试用例。首先确定执行用例场景所需的数据元素，然后构建矩阵，最后确定包含执行场景所需的适当条件的测试用例。在下面的矩阵中，V 表示这个条件必须是有效的才可执行基本流，I 表示这种条件下将激活所需备选流，n/a 表示这个条件不适用于测试用例。

表 1-5 展示了利用场景法设计的购书流程测试用例。

表 1-5　利用场景法设计的购书流程测试用例

测试用例编号	场景编号	账号	密码	图书	预期结果
TC1	场景 1：购买成功	V	V	V	购买成功
TC2	场景 2：账号不存在	I	n/a	n/a	账号不存在
TC3	场景 3：密码错误	V	I	n/a	密码错误
TC4	场景 4：购买的图书无货	V	V	I	图书无货
TC5	场景 5：没有搜索到要购买的图书	V	V	I	图书不存在

在上面的矩阵中，5 个测试用例对应 5 个场景。对于基本流和备选流，都有测试用例。测试用例如表 1-6 所示。

表 1-6　测试用例

测试用例编号	测试用例	预期结果
TC1	（1）访问异步社区首页 （2）输入正确的用户名和正确的密码，登录 （3）搜索图书《京东质量团队转型实践：从测试到测试开发的蜕变》 （4）单击图书图标 （5）单击"直接购买"按钮 （6）完成付款	购买成功
TC2	（1）访问异步社区首页 （2）输入错误的用户名和正确的密码，登录 （3）搜索图书《京东质量团队转型实践：从测试到测试开发的蜕变》 （4）单击图书图标 （5）单击"直接购买"按钮 （6）完成付款	账号不存在
TC3	（1）访问异步社区首页 （2）输入正确的用户名和错误的密码，登录 （3）搜索图书《京东质量团队转型实践：从测试到测试开发的蜕变》 （4）单击图书图标 （5）单击"直接购买"按钮 （6）完成付款	密码错误
TC4	（1）访问异步社区首页 （2）输入正确的用户名和正确的密码，登录 （3）搜索图书《京东质量团队转型实践：从测试到测试开发的蜕变》 （4）单击图书图标 （5）单击"直接购买"按钮 （6）完成付款	图书无货
TC5	（1）访问异步社区首页 （2）输入正确的用户名和正确的密码，登录 （3）搜索图书《京东质量团队转型实践：从测试到测试开发的蜕变》 （4）单击图书图标 （5）单击"直接购买"按钮 （6）完成付款	图书不存在

在应用场景法时，要时刻记得基本流不一定就只有一条，而备选流也不一定就有多条，具体依据被测业务及被测系统而定。场景法特尤其适用于工作中的定时任务类的流程测试。

关于其他黑盒测试用例设计方法，建议读者查阅相应资料，在将不同方法应用到工作中的同时不断体会它们各自的优越性，以及适用的场景。

1.3.2　白盒测试用例设计方法

下面将介绍白盒测试用例设计方法。既然是白盒，那么肯定站在代码的角度设计测试用例。根据测试方法，测试分为静态检查和动态测试。目前广泛使用的一种静态检查方法就是CodeReview，所以这方面并不涉及测试用例的设计。动态测试主要站在逻辑覆盖的角度设计测试用例，以满足覆盖率的要求。动态测试主要遵循以下原则。

- ❑　保证一个模块中的所有预期路径至少使用一次。

- ❑　对所有逻辑判定条件都测试真和假。

- ❑　在上下边界及可操作范围内运行所有循环。

- ❑　检查内部数据结构以确保其有效性。

为了满足上述原则，白盒测试用例设计方法也遵循科学的方法，具体如图1-6所示。

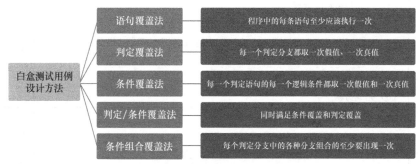

图 1-6　白盒测试用例设计方法

白盒测试用例设计的重点是满足覆盖率。其中，语句覆盖法重点关注是否覆盖了每一条程序语句；判定覆盖法重点关注每个逻辑判断分支是否都至少取了一次真值和一次假值；条件覆盖法重点关注每个判定语句是否都至少取了一次真值和一次假值；判定/条件覆盖法要求每个判断分支及每个判断语句都至少取了一次真值和一次假值；而条件组合覆盖法则要保障各种分支组合都至少出现一次。

从上述描述中就可以知道，白盒测试用例设计方法之间的关系如图 1-7 所示。

图 1-7　白盒测试用例设计方法之间的关系

1.3.3　测试用例也要分级

没有任何一款软件系统是完美无缺的，任何系统都有缺陷。但是每一次迭代都会有一个期望，测试工程师需要知道本次迭代的项目干系人的预期，通过项目干系人的预期管理测试的风险。Sue Bartlett 在 "How to Find the Level of Quality Your Sponsor Wants" 一文中描述了如何实现上述目标和降低风险。

该文章指出，在开始详细的计划、设计或者编码前就明确质量目标，这样会更好地保证交付一个满足预期质量目标的交付物。Ross Collard 指出，通过 10%～15%的测试用例发现被测系统中 75%～90%的缺陷。

这也符合二八原则，二八原则对软件测试的影响很深。在面对成百上千的测试用例时，测试工程师要挑选出一个最小的、最重要的、优先级最高的测试用例集并不容易，且往往没有头绪。对测试用例进行优先级定义并不容易，而且优先级定义在每一次迭代中或者迭代后都有可能修改，因此测试用例的优先级是动态的。具体测试用例的优先级划分如下所示。

1. 测试用例的优先级

测试用例的优先级如下。

❑　构建验证测试（Build Verification Test，BVT，也称为 P0）。BVT 也称为冒烟测试用例集，是每次测试开始投入前最希望运行并得以确认的测试用例集。冒烟测试用例集的规则是如果一个测试用例无法正确执行，则其他测试用例同样无法正确执行。满足该规则的测试用例都应该纳入冒烟测试用例集。

❑　高优先级（P1）。高优先级测试用例集是按照执行频度和业务功树的根部分支的条件选入的。高优先级测试用例是在 BVT 中加入的常用测试用例，用来验证重要或者主干流程的功能是否稳定、是否正确。测试用例既包含正确的数据流，也包含错误的数据流。

❑　中优先级（P2）。中优先测试用例集是按照执行频度和业务功树的主要分支的条件选入的。中优先级测试用例更加详尽地验证新迭代影响域（新功能区域）或者功能。测试用例包含大多数的功能，其中不仅包含正确数据流和错误数据流，还应包含一些配置方面的测试。

❑　低优先级（P3）。低优先测试用例集是按照执行频度和业务功树的根部分支的条件选入的。低优先级测试用例是最不频繁执行的测试用例。但是低并不是说不执行，不测试，只是在迭代的过程汇总，执行频率比较低，不常执行。这部分测试用例涉及错误消息、可用性、压力测试和性能测试等。

2. 划分优先级

首先，进行粗略划分，任意标注。将验证全部功能的正确性的测试用例指定为高优先级的；将全部有错误或者有边界值验证的测试用例指定为中优先级的；将其他测试用例指定为低优先级的（这里面主要是非功能测试用例）。

其次，评审每一个测试用例，升级或者降级。通过对每一个测试用例及其优先级的重新评审，划分测试的重要性及执行频度等，按照下述原则进行降级处理。将功能验证测试分为两组（重要和非重要），将"不太重要"的功能验证测试降级为中优先级；将错误和边界测试分为两组（重要和非重要），将"重要"错误和边界测试提升到高优先级。将非功能性测试分为两组（重要和非重要），将"重要"非功能性测试提升到中优先级。对每组高、中和低优先级测试用例重复划分并升级/降级，直到在优先级之间移动的测试用例数量变为 0 为止。

最后，确定 BVT。将高优先级测试分为两组，分别为致命和严重（如果出现缺陷就是致命缺陷，则这条测试用例也是致命的）。将致命的测试用例归并到 BVT 优先级。

优先级分布为 BVT 占 10%～15%，高优先级占 20%～30%，中优先级占 40%～60%，低优先级占 10%～15%，但是这并不是一个绝对要遵循的比例。测试用例的分级还要以实际项目的需求为准。

1.3.4　测试用例的形式

自从测试从开发工程师的调试工作中分离出来，测试用例的形式逐渐开始多样化。在传统的瀑布模式交付流程中，主要以操作步骤的形式描述测试用例。图 1-8 所示是一种典型的测试用例模板。

测试用例编号	组件/模块	级别	测试描述	先决条件	测试步骤	期望结果	实际结果	状态	测试执行人
baidusearch_1	search_module	po	验证输入关键字后，按 Enter 键后显示搜索结果	浏览器已经启动	(1) 在浏览器的地址栏中输入百度网址，按 Enter 键。 (2) 进入百度首页，在搜索框中输入搜索词"Criss@陈磊"。 (3) 按 Enter 键	(1) 进入百度首页。 (2) 输入搜索关键字。 (3) 显示与"Criss@陈磊"相关的搜索结果	(1) 进入百度首页。 (2) 输入搜索关键字。 (3) 显示与"Criss@陈磊"相关的搜索结果	Pass	criss

图 1-8　测试用例模板

测试用例编号是唯一的，并且在全部的测试用例管理体系中也是唯一的，因此多个系统间的测试用例编号也不会重复，大部分情况下，通过在测试用例编号中加入系统缩写字段确保测试用例全局的唯一性。如果存在自动化测试脚本，那么该唯一标号也可作为自动化测试脚本的标号，这样就建立了测试用例和自动化测试脚本的映射关系，即映射矩阵。

组件/模块部分主要说明测试用例属于哪个组件或者模块，这样不仅可以粗略地给测试用例和系统实现建立一种映射关系，还可以建立一种基于系统组件/模块的测试用例分类方式。

级别即测试用例的分级。这里就涉及前面描述的测试用例分级的内容，一般包含 P0 级（构建验证测试）、P1 级（高优先级）、P2 级（中优先级）、P3 级（低优先级）。

测试描述主要是测试流程的简单说明，主要作用是帮助测试工程师快速理解测试用例，而不需要阅读详细的测试步骤。

先决条件指开始执行测试步骤前必须要满足条件，否则后续测试步骤无法执行，也就无法开始测试。

测试步骤就是测试用例的具体操作步骤，每一步都要简单明了地说明具体操作和内容。

期望结果指前序测试步骤中每一步对应的系统反馈，而非全部业务执行完的最终结果。

实际结果指测试过程中实际的系统交互结果。这部分有两种描述，一种是将实际的内容记录下来，另一种是输入"与预期结果一致"，但是这里一条预期结果对应一个实际结果。

状态指执行测试用例后的结论，当实际结果和预期结果一致时，测试用例的状态为通过，否则为失败。

测试执行人指执行测试用例并记录实际结果、状态的测试工程师。

这是一种原始的测试用例模板，后续的很多测试管理系统借鉴了这种测试用例模板的原型，只是留存形式不再是电子表格，而是由管理系统员在关系数据库中维护。

在瀑布交付模式的团队中，这种记录详细的电子表格类的测试用例模式是有优越性的。传统质量保障团队是完全按照瀑布模式交付的，测试流程中的各个环节具备明显的交接界限，如图 1-9 所示。

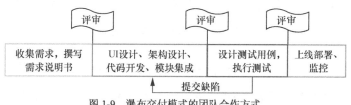

图 1-9　瀑布交付模式的团队合作方式

这种传统质量保障团队角色分工明确，角色间交集相对较少，项目交付以"面向测试的开发"为主，团队交付的最终质量全部依靠集成测试阶段测试工程师对系统的理解和了解程度。

因此，步骤详尽的测试用例有助于将测试过程解释清楚，这样在测试用例评审过程中，开发工程师站在已经实现的系统角度评价测试用例写得完不完善，产品经理站在系统设计的角度评价测试用例写得对不对，同时评审开发工程师实现的是否是需求文档中所描述的功能。

　　这种测试用例模式对于测试工程师也是有帮助的，其中既详细记录了系统的操作过程，也帮助测试工程师深入了解了实现的系统。同时，在生产出现问题时，我们可以通过测试用例是否覆盖、测试过程是否执行确定测试工程师在项目测试过程中是否有遗漏。

　　随着敏捷实践的不断完善，按照上述测试用例模板撰写测试用例逐渐不再适用于对应的敏捷交付团队。这是因为对于交付结果已经从对线上问题的团队追责转变成对制品交付团队问题的追责，所以并不需要某一个人或者某一个角色承担对应的责任，若团队交付的产品发生问题，这是交付团队整体的问题，并非某一个人的失误造成的。

　　因此，测试用例也逐渐地转变成这样一种业务梳理模式，测试工程师通过测试业务逻辑建模，整理测试业务，并在团队内部分享。目前，大部分团队以思维导图的形式完成业务逻辑的梳理工作。思维导图工具既有单机版本也有 Web 版本，目前开源的 Web 版本类似于测试用例工具，以滴滴的敏捷测试用例管理平台（AgileTC）为代表，具体可以参考对应项目在 GitHub上的开源代码。

　　在实践测试左移时，提倡在需求进入迭代计划之前就讨论每一张需求卡片，参与每一个故事的讨论，完善每一个故事卡片的验收条件（Acceptance Criteria，又称为"验收准则"，简称 AC）。在研发工程师开始满足需求之前和完成需求开发之后，测试工程师都在参与故事卡片的验收条件讨论。测试工程师开始测试之前需要根据一些常规的测试用例设计方法补充异常用例。

　　在整个过程中，团队都以交付高质量的项目为中心，而不再使用缺陷数、测试用例数、代码行数等不科学和不客观的考核指标。

1.4　测试细分

　　软件测试的分类有很多种，它们分别站在不同的观察角度，但是无论哪一种都是针对测试工作内容进行划分的。

1.4.1　按照开发阶段划分

众所周知，软件测试和软件开发相辅相成，因此按照开发阶段划分相对来说应该最容易了。按照开发阶段，软件测试的划分如图 1-10 所示。

单元测试 ➡ 集成测试 ➡ 确认测试 ➡ 系统测试 ➡ 验收测试

图 1-10　按照开发阶段软件测试的划分

按照图 1-10 的划分方式，软件测试很容易就和软件交付的 V 字模型对应上。其实 V 字模型就是较早对测试进行细分的一种模型。

单元测试的被测对象是程序模块，这是软件设计中最小的模块。

集成测试的被测对象是将程序模块组合到一起且对外暴露的接口，这里重点验证集成到一起的程序模块是否满足概要设计的要求。

确认测试就要验证被测试软件是否满足软件需求规约中的要求，重点检查功能特性的符合程度。

系统测试是指在真实或者仿真环境中对被测系统进行验证。在这个阶段，除功能性之外，还包含性能效率等其他质量特性要求。在很多实际项目中，常常把确认测试和系统测试合二为一。

验收测试是指按照最初的约定，验证被测系统、软件需求规约、用户手册三方的一致性，以及非功能特性的符合性。

1.4.2　按照测试实施组织划分

除按照开发阶段进行划分外，软件测试还可以按照测试实施组织来进行划分，如划分为 α 测试、β 测试。按照测试实施组织，软件测试的划分如图 1-11 所示。

图 1-11　按照测试实施组织软件测试的划分

这里说的 α 测试指由一名用户在非生产环境下进行的验收测试,这里强调开发人员或者测试人员陪同完成验收测试,实时记录暴露的缺陷。β 测试指由少部分用户在真实环境中完成的验收测试,β 测试与 α 测试有一个明显的区别,就是没有开发人员或者测试人员的陪同。α 测试、β 测试都隶属于验收测试。

1.4.3 按照测试技术划分

如果站在测试工程师的角度按照测试技术划分软件测试,那么有两种划分方式。一种是按照测试过程中是否需要了解程序结构和处理过程来划分,另一种是从是否需要检查代码运行结果的角度来划分。按照测试技术,软件测试的划分如图 1-12 所示。

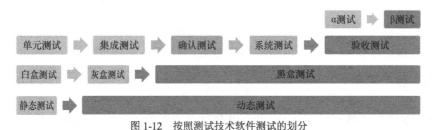

图 1-12 按照测试技术软件测试的划分

按照测试过程中是否需要了解程序结构和处理过程,软件测试可以划分为白盒测试、黑盒测试及灰盒测试。

按照是否需要检查代码运行结果,软件测试可以划分为静态测试和动态测试。白盒测试既可以是静态测试也可以是动态测试,灰盒测试、黑盒测试只能是动态测试。

1.4.4 测试左移

测试左移的概念最早由 Arthur Hicken 提出。Arthur Hicken 提出,为了弥补瀑布模型的不足,以及避免测试工作成为系统交付前的最后且唯一的质量保障手段,测试应左移并贯穿于项目的整个研发生命周期。

这也说明测试工程师在项目的需求分析阶段就应该参加相关活动,从而在需求分析阶段就站在测试角度补充各种验收条件。从需求分析开始到测试业务分析,再到测试用例设计、测试执行及测试结论总结，都应由同一名测试工程师完成。在此过程中，这名测试工程师可以不断地理解需求并澄清需求。

测试工程师在需求分析阶段就参与相关活动，能够更早地帮助开发人员发现系统在设计之初就存在的业务逻辑缺陷、使用缺陷及交互缺陷，从而将一些缺陷在系统开发之前就排除，避免团队投入的浪费，提高团队的投入产出比和交付效率。

此外，当研发工程师开始开发系统时，测试工程师就可以同步完成测试用例的设计。在这里，并不像传统方式下那样按照系统的操作步骤设计测试用例，而是按照业务流程的梳理结果设计测试用例。这种更深入的参与和理解能促进测试工程师获得产品的完整知识，彻底理解各种应用场景，并根据软件行为设计实时场景。以上这些都能帮助制品团队在编码完成之前识别出一些缺陷。测试左移聚焦于使测试人员在最重要的项目阶段就参与进来，将关注点从发现缺陷转移到风险预防，从而避免一些技术风险和业务风险，同时驱动项目商业目标的实现。

当测试团队不断实践测试左移时，质量文化便会在整个团队中不断建立并传播，人们不会再将质量保障等同于在测试中发现缺陷，而是参与到项目的各个环节中以降低业务风险和技术风险，促进团队所有成员积极合作，在项目的初始阶段就为满足业务需求及避免业务风险开展工作。测试工程师在项目开始阶段就应为建立有效的测试策略不断努力，并在测试策略的指导下避免业务风险和技术风险，使整个团队聚焦于产品的长期价值和可靠性。

随着测试左移思想的发展，更提倡测试工程师在需求阶段就开始有质量保障的输出，因此开卡、验卡实践越来越受到各种 DevOps 实践团队的推崇。

当团队中开发工程师准备实现一张故事卡片时，他会按照故事卡片上的验收条件向测试工程师、产品经理详细讲解自己对故事的理解，以及如何实现。这时，如果产品经理发现故事卡片有遗漏的验收条件，就需要及时补充，测试工程师基于自己对需求的理解、对系统全局的认识及对上下游依赖的分析，补充验收条件中缺失的内容，这种快速的集合讨论就是开卡（Kick Off，KO）动作。

开发工程师完成开发后，同样需要将产品经理、测试工程师集合到一起，按照故事卡片上的验收条件和已经实现的系统完成验收，这里产品经理站在是否实现了对应故事的角度进行分析，测试工程师站在是否完善的角度进行分析，通过验收后进入测试环节，这个动作称作验卡（Desk Check，DC）。

在这个过程中，验收条件就是这条需求的测试用例，测试工程师只需要补充一些非功能测试用例就可以了。这种验收条件和开卡、验卡的实践保证了交付的流畅度，是目前测试左移一种有效的实践方式。

1.4.5 测试右移

测试右移是相对于测试左移而言的，指制品发布到生产环境之后进行的一些测试活动。但是这里的测试活动并非通常说的测试活动，而是指通过环境监控、业务监控、APM 等手段考量服务的可用性、稳定性等，以便在发现生产环境的问题时，尽快将问题暴露给制品交付团队并快速修复，给予用户良好的使用体验。

测试右移就是将测试移动到生产环境，这就决定了该部分的测试活动与通常说的测试活动有很多区别。在传统的测试角色分工中，生产环境的负责人是运维工程师，运维的核心工作理念是"稳"，这就和当前测试工程师要求的快速验证、快速修复有冲突。

测试右移不仅包括在生产环境中进行测试活动，还包括在生产环境中进行的部分测试实践。

测试右移不是和运维冲突，而是利用运维的一些技术平台给测试工程师一些判断的输入来源，然后结合测试中原有的一些技术沉淀，完成服务质量的保障工作，以便早发现、早预防。其具体方法如下。

❑ 利用运维技术平台。充分利用运维工程师提供的监控平台、日志平台等数据监控服务的状态，以便更早地发现生产环节中存在的问题，并将对应问题的一些留痕数据（日志信息、监控数据等）记录到缺陷系统中，从而辅助解决对应生产缺陷（如果造成损失也可能是故障）。

❑ 利用自动化测试。利用自动化测试手段为生产环节提供业务正确性的巡检功能，这样既可以在运维工程师保障服务的基础之上模拟自动化测试的业务逻辑，又能保障业务的稳定性。这是监控分层的一种思想实践。

除此之外，用户使用系统的行为有可能并不是按照该系统设计的预期方法进行的，因此需要在测试右移环节中，通过前端埋点等技术记录真实用户的使用方法、喜好等，从而在测试左移时反哺业务需求。这样，我们就可以在测试左移时关注测试右移中获得的很多有价值的需求信息，从而充分保障从业务到需求环节的质量。

当然，如果要完成这种实践，我们必须要实现真正的敏捷测试，而非披着敏捷外衣的伪敏捷实践。

虽然生产环境以稳定为前提，但是仍有一些测试技术和测试环境可以在该前提下实施。

❑ 全链路测试。全链路测试是通过流量录制、回放技术在生产环境中完成的测试技术。当然，生产环境下的全链路测试并不是测试工程师就可以完成的事情，这需要对被测系统做全套的技术改造。

❑ 灰度环境。有了灰度环境，系统就可以在部分环境中先上线，然后再进行一些测试活动或者实验活动。

❑ A/B 测试。A/B 测试可能在用户增长领域比测试领域应用得更广，但它也是一种对生产环节的测试验证活动。

1.4.6　测试左移、测试、测试右移的关系

测试越早开始，发现问题、修复问题的成本就越低。那多早才算早呢？当然是在软件开始的初期，也就是开卡阶段，测试工程师就参与到项目中，以发挥质量保障作用。在开卡阶段，测试工程师的工作也很重要，他要评估需求的质量，并给出完善的建议。

测试工程师在开卡阶段对故事验收条件的考虑如图 1-13 所示。

图 1-13 对故事验收条件的考虑

具体要求如下。

- □ 唯一性：对应的故事是全部系统中的唯一功能，不能存在两个相同的功能。既要横向对比一次迭代中的需求，也要纵向对比已有的功能。

- □ 完整性：每一张故事卡片的描述都是完整的，都有对应验收条件的完整描述及约束描述，没有不确定性的描述。

- □ 可测试性：每一个验收条件都可以验证，其中既包含了功能性也包含了非功能性。

- □ 一致性：验收条件之间是一致的，无冲突的，每次迭代中故事卡片的内容和已有功能也是一致的，无冲突的。

- □ 易理解性：验收条件的描述和设计上是容易理解的，通过故事卡片上的描述就能判定实现的功能。

依照上述特性要求完成故事卡片的评估并补充不完善的验收条件，就完成了测试左移的第一步，接下来进入代码评审、代码扫描、单元测试等针对开发工程师产出物的评价环节。代码扫描属于静态测试技术的实现手段，单元测试是动态测试技术的实现手段，这两种测试手段都属于白盒测试。

测试左移的目标是防止缺陷并降低技术风险，这意味着要持续不断地进行测试，才可以交付高质量的产品。

相对于测试左移，测试右移指产品发布上线或者交付客户后的一些与质量相关的活动，从而保障业务的连续性，提升交付后的产品质量。这里的质量活动包含生产环境监控、生产日志监控、线上巡检、业务指标监控等方面。在生产环境中发生故障时，测试工程师可以把生产故障反馈给制品交付过程中解决问题的关键角色，完成质量回溯的职责。

测试左移、测试、测试右移的关系如图 1-14 所示。

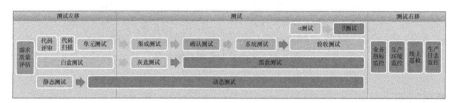

图 1-14　测试左移、测试、测试右移的关系

一图胜千言，图 1-14 已把测试左移、测试、测试右移解释清楚了，这也是敏捷测试的约束范围。

1.5　质量模型和测试

那么如何衡量软件质量效果这个抽象和笼统的问题呢？为了回答这个问题，测试工程师引入了软件质量模型。

软件质量模型分为以下两类。

❏　基于经验的模型：依据经验，使用典型的质量因素构建一个多层质量模型。基于经验的模型又分为层次模型和关系模型两种。其中，层次模型的典型代表有 McCall 模型、Boehm 模型、ISO/IEC 9126 模型、ISO/IEC 25010 模型，关系模型的典型代表有 Perry 模型、Gillies 模型。

❏　基于构建的模型：通过一些方法构建一个模型，包含质量属性之间关系的构建和对质量属性的分析，典型代表为 Dromey 质量模型。

McCall 模型也称为 GE（General Electric）模型。它最初起源自美国空军，主要面向系统开发人员和系统开发过程。1977 年，Jim A. McCall 试图通过一系列软件质量属性指标弥补开发人员与最终用户之间的沟壑，提出了 McCall 模型。

McCall 模型指出，特性是软件质量的反映，因此软件属性可用于（软件质量的）评价准则，通过对软件属性定量的度量就可以反映出软件的质量。

McCall 模型是一个三层模型，自顶向下分别是质量因素、质量准则和质量度量。

其中的质量因素是面向管理观点的产品质量，软件的最终用户尽管不了解软件的内部实现细节，但是很了解自己的需求，用户从外部视角定义和描述软件，形成从外部可观察到的特性，这就是 McCall 模型中顶层的质量因素的来源。次顶层是质量准则，开发人员从内部视角构建软件属性，这些属性是从内部可以观察到的属性，是决定产品质量的属性；底层是定量地度量软件属性的质量度量。

如图 1-15 所示，McCall 模型将质量因素分为产品修正、产品转移和产品运行。每一类质量因素都有自己的质量准则。产品修正包含可维护性、可测试性、灵活性，产品转移包含可移植性、可复用性、互连性，产品运行包含正确性、可靠性、效率、可用性和完整性。

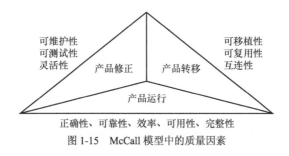

图 1-15　McCall 模型中的质量因素

这 11 个质量标准是通过 23 个衡量指标来度量的。这 23 个衡量指标包含了简单性、简明性、工具性、自描述性、可扩展性、通用性、模块性、机器独立性、软件系统独立性、通信通用性、数据通用性、可追溯性、完备性、一致性、准确性、容错性、执行效率、存储效率、存取控制、存取审查、可操作性、培训性和通信性。

McCall 模型中的质量因素、质量准则和质量度量如图 1-16 所示。

McCall 模型已经对质量做了特性的细化，但是整个模型中缺少了硬件属性。众所周知，没有硬件资源，软件系统就没有了运行的"土壤"，因此 Barry W. Boehm 在 1978 年提出了 Boehm 模型，通过一系列的属性指标量化软件质量。Boehm 模型类似于 McCall 质量模型，采用层次结构（见图 1-17），包含高层属性、中层属性和原始属性。

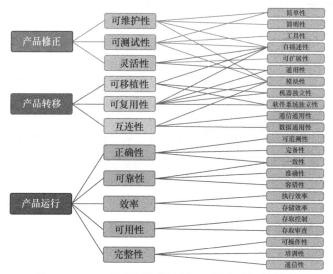

图 1-16 McCall 模型中的质量因素、质量准则和质量度量

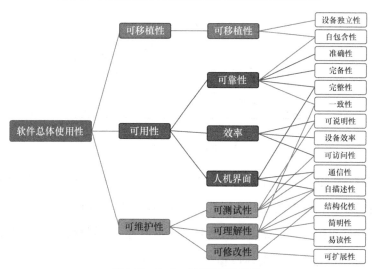

图 1-17 Boehm 模型的层次结构

Boehm 模型中的高层属性包括可移植性、可用性和可维护性。

中层属性包含 7 个质量要素，分别是可移植性、可靠性、效率、人机界面、可测试性、可理解性和可修改性。原始属性包含设备独立性、自包含性、准确性、完备性、完整性、一致性、可说明性、设备效率、可访问性、通信性、自描述性、结构化性、简明性、易读性及可扩展性。

Boehm 模型已经囊括了软件和硬件的属性，但是最终的原始属性和前面介绍的质量要素交叉映射，这为 Boehm 模型的广泛推广造成了一些影响。因此，ISO/IEC 9126 模型综合了 Boehm 模型和 McCall 模型的优点与缺点，站在用户、开发者、管理者的角度，从外部质量、内部质量、使用中质量三个方面完成了质量模型的建设，从外部和内部对质量进行度量。

其中，外部度量在测试和使用软件产品的过程中进行，通过观察软件产品的系统行为，完成对其系统行为的测量，得到度量的结果；内部度量在软件设计和编码过程中进行，通过对中间产品的静态分析完成，其目的是确保获得所需的外部质量和使用质量。

ISO/IEC 9126 质量模型（见图 1-18）包含了 6 个质量特性和 27 个质量子特性，特性和子特性一一映射，不存在交叉问题，但是还不够完善。因此有了后来的 GB/T 25000 质量模型，其中包含系统质量、使用质量等，这在后续章节中会进行介绍。

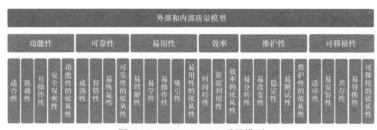

图 1-18　ISO/IEC 9126 质量模型

被誉为当代"伟大的管理思想家""零缺陷之父""世界质量先生"的克劳士比，致力于"质量管理"哲学的发展和应用，将源于制造业的概念扩展到了所有商业领域。作为美国的商界传奇人物和创业企业家，他拥有 40 余年的管理经验，创造了许多专业词汇，如"零缺陷""符合要求""预防""不符合要求的代价""可信赖的组织"等。他对质量的定义是客体的一组固有特性满足要求的程度。

这些质量的理念和名词也影响着软件质量，自从 1991 年软件产品质量评价国际标准 ISO/IEC 9126 提出了外部质量、内部质量和使用质量的概念之后，评价一个软件的质量好坏就是要从软件的内部、外部、使用中的表现的角度看软件是否满足规定或潜在用户需求的能力，这也就是软件质量的度量内容。

1979 年出版的 *The Art of Software Testing* 一书明确了软件测试为发现错误而执行的一个程

序或者系统的过程。1983 年 Bill Hetzel 在 *The Complete Guide to Software Testing* 一书中再一次明确了测试是以评价一个程序或者系统属性为目标的任何一种活动,测试是对软件质量的度量。

现在,随着质量保障体系的逐渐发展,质量保障已包含测试、质量分析。其中,质量分析主要通过数据、日志、监控及缺陷的表现识别系统的风险(这既可能是技术风险也可能是业务风险),并持续反馈到制品中,由交付团队进行修改,一起保障交付物的质量。再次强调一下,质量保障的重要工作是通过预防、检查与改进软件缺陷保证软件质量。

1.6 小结

持续测试不等同于自动化测试,也包括手工测试,比如,每次迭代中新功能的测试采用手工(探索式测试)测试会更快,因为人更灵活、更智能。再比如,人工的需求评审、设计评审和代码评审也必不可少。测试左移中的这些测试活动可以帮助团队在早期预防缺陷,让随后的研发活动更加顺利,通过生产环境中的监控手段、业务巡检方式等促成测试右移,保障持续测试的覆盖度,从而建立从需求到生产的连续性持续测试实践方法。

第 2 章　自动化测试是持续测试的必要条件

在持续测试的实践之下，自动化测试对于连续测试至关重要。持续测试依靠自动化测试完成一组用户故事或者应用需求的检查活动，同时为交付流水线提供质量门禁。因此，自动化测试是持续测试的一个必要条件。

2.1　分层自动化测试

目前，自动化测试相关技能已经普及。任何一个测试工程师的职位招聘描述，多多少少都有一些自动化测试的要求，从这里可以看出，自动化测试已经变成测试工程师的标配技能。

自动化测试最主要的目的就是通过一些工具或者代码把之前只有人工能完成的流程交给计算机来完成。自动化测试技术是在软件系统复杂度不断提升、软件工程规模不断扩大，而人工测试效率低下的背景下催生的。自动化测试就是通过测试工具、测试框架和测试代码，按照测试工程师制订的测试计划对软件产品进行的测试。自动化测试只是一种测试手段，并不是一种新的测试类型。从这里可以看出，自动化测试将重复劳动交给计算机来完成，是一种减轻测试工作量的好办法。

自动化测试可以替代大量重复的手工测试，提高测试效率。通过为系统建立不同抽象层次的自动化测试，为粒度较细的自动化测试弥补"测试技术的间隙"，从 "可测性"与"质量风险"的角度出发分别采纳不同的分层策略，明确测试重点，令各层的测试价值最大化。"通过提高软件的可测试性，增强现有测试实践，降低质量风险，逐步改进测试策略"是测试的中心思想。一个系统的可测试性包括可控制性、可观察性、简单性、稳定性和信息化。

质量风险指当前软件项目导致问题的可能性与影响的严重程度大小，因此在质量保障方面，也流行从技术风险防控能力方面进行思考的方法。它要求从系统的高可用性、业务稳定性与安全性等方面考虑，不断持续投入，同时要具备防御与处理硬件故障、代码问题、流量异常等常规技术风险的能力，还需要对一些小概率事件具备防控能力。这里的小概率事件包含数据被误删除、网络光缆被挖断、自然灾害导致个别机房不可用等。

在工业生产领域存在一个海因里希（Heinrich）法则，即美国著名安全工程师海因里希提出的 300∶29∶1 法则。在机械生产过程中，在 1000 起事故隐患中，每发生 330 起意外事件，有 300 起未造成人员伤害，29 起造成人员轻伤，1 起导致重伤或死亡，如图 2-1 所示。

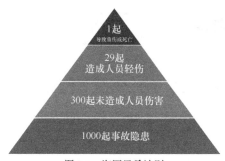

图 2-1　海因里希法则

海因里希法则说明任何可能引起技术风险的问题都应尽早解决，而不应该在变成严重事故之前忽略它的存在。因此在自动化测试中，通过测试分层提前发现各种可能的技术风险点并解决。同时，通过弥补层级的间隙，提高风险防控的严密性。

自动化分层测试模型也在不断发展和进步。图 2-2 左侧是经典的分层测试模型，通常称为金字塔模型。在金字塔模型中，每一种颜色的面积代表测试的投入，所以在单元测试中投入最多，其次是接口自动化测试，界面自动化测试中投入最少。单元测试中的投入是"越早地开始测试，修复缺陷的成本越低"这条理念直接的落地。金字塔模型是一个理想模型，对开发工程师、测试工程师的个人能力要求很高。

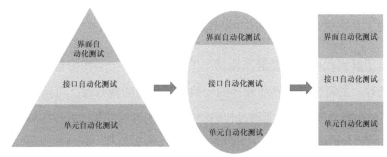

图 2-2　分层模型的发展

因此，随着自动化测试的不断探索，测试工程师在接口自动化测试方面的投入越来越多，开发工程师在单元自动化测试上的投入越来越少，逐渐形成了图 2-2 中间所示的橄榄球模型。该模型中，项目在单元自动化测试上的投入相对较少，在接口自动化测试上的投入较多，在界面自动化测试上的投入相对较少。界面自动化测试上的投入较少是因为界面自动化测试的投入产出比较小。

随着自动化测试程度的不断提高，智能化测试技术不断进步，自动化测试不再以人工投入的多少来衡量效果，而由平台、算法完成测试脚本的撰写、测试数据的设计、测试执行及测试结果的收集分析，自动化测试模型会演变成图 2-2 右侧的模型。也就是单元自动化测试、接口自动化测试和界面自动化测试中的投入相同，而且都很少，但这是自动化测试的发展趋势，当前技术成熟度距离该模型还有较大的差距。

2.2　静态测试

静态测试指不运行被测程序本身，而通过分析或检查源程序的语法、结构、过程、接口等检查程序的正确性。静态测试中的被测对象是各种与软件相关的有必要进行测试的产物，这些被测对象包括了软件需求规约、软件设计说明书、源程序的结构、流程图、符号等。静态测试从这些被测对象中找错。静态测试可以手工进行，充分发挥人的思维优势，并且不需要特别的条件，容易展开，但是对测试人员的要求较高，至少要求测试人员具备编程经验。

静态测试主要包括各阶段的评审、代码检查、程序分析、软件质量度量等，用于对被测程序进行特性分析。其中，评审通常由人执行；代码检查、程序分析、软件质量度量等既可人工完成，也可使用工具完成，但工具的作用和效果相对更好一些。

从上面可以了解到代码检查是静态测试中的关键步骤之一。代码检查包括代码走查、桌面检查、代码审查等，主要检查代码和设计的一致性，代码的规范性、可读性，代码的逻辑表达的正确性，代码结构的合理性等方面通过代码检查，我们可以发现违背程序编写标准的问题，程序中不安全、不明确和模糊的部分，找出程序中不可移植的部分、违背程序编程风格的问题。代码审查包括变量审查、命名和类型审查、程序逻辑审查、程序语法审查和程序结构审查等内容。

代码检查不需要任何自动化服务就可以通过代码扫描完成。整个过程都按照预定义的规则完成，只须针对不同的编程语言设计好不同的规则即可。如果能在一个工具中完成代码检查，那么测试人员可以完全不参与，这是一个完全自动化的流程。这也导致了通过代码扫描完成的代码检查工作只是对代码预定规则的检查，并不能保障其编写逻辑符合预期设计。如果预定规则不合理，那么代码扫描结果的偏差会很大。

从上述内容可以看出，代码扫描既有优越性也有弊端。如果使用好的开放性工具完成代码扫描，通过修订并选取合适的规则是可以达到质量保障的预期的。可用的代码扫描工具并不多，如果站在平台化、服务化的角度，并且兼顾 CI 流水线的需求，比较重要的工具就是SonarQube。

很多测试工程师遇见过以下情况：项目开发时间紧张，交付压力大，为了不延期交付，项目在排期过程中总将各个里程碑时间定义好，确定何时提测，何时执行用户验收测试，何时验收，如果没有按约定完成，就要有一定的惩罚措施。

而到了约定好的提测时间，开发工程师为了能够完成其里程碑，即使自测并不完善，也会提测，当测试工程师部署好测试环境并开始测试时，会发现没有一个业务流程很顺畅，只能重新修复版本，但是开发工程师顺利完成了自己的里程碑。很多时候，我们对这种事情敢怒不敢言，怕引起团队的矛盾，影响项目进度。

这种情况下，我们可以利用 SonarQube 完成代码扫描，这是一个有效提高提测代码质量的方法。SonarQube 是按照设计好的代码规范来检查被测系统的源代码的规则符合性的。SonarQube 引入流程如图 2-3 所示。

选定代码规范 ⟩ 确定提测规范 ⟩ 约定惩罚措施

图 2-3 SonarQube 引入流程

首先，与团队的技术负责人、架构师一起确定团队需要遵从的代码规范，这一般由技术负责人主导，但是很多时候测试工程师会作为技术落地推广的主力参与。这里大部分团队会选择一些开源规范（如 P3C 规范）作为起点，然后在工程实践中不断修正和完善，注重维护一套符合本公司要求的代码规范。

团队一旦确定 SonarQube 的测试报告没有缺陷、没有漏洞，就可以确认提测规范了。

最后，约定惩罚措施。设计规范很容易，让人遵守规范就很难。为了落实提测规范，要对不遵守规范的人进行惩罚，并加入每一位开发工程师的 KPI 中，从而约束大家都按照约定完成代码扫描。

2.3 单元测试

动态测试通过运行被测程序检查运行结果与预期结果的差异，并分析运行效率和健壮性等指标。动态测试的第一步是单元测试。

单元测试指在与程序其他部分相隔离的情况下对软件中的最小可测试单元进行检查和验证，这里的最小可测试单元通常指函数或者类。单元测试与被测系统同源，也就是说，单元测试的代码和被测系统的代码在一个代码仓库中。从这个角度可以看出，单元测试大部分情况下是开发工程师自己撰写的，但是在持续测试实践中起着重要的作用。

测试工程师通常会从系统质量保障的角度督促开发工程师对单元测试进行补充和完善。绝大部分情况下，测试工程师会通过前面介绍的白盒测试用例设计方法检查开发工程师开发的单元测试是否符合要求，通过代码覆盖率及单元测试通过率判断单元测试是否通过，这也是后面要介绍的质量门禁中一个非常重要的指标。既然由开发工程师完成单元测试，那么如何评价单元测试的好与坏呢？

变异测试（mutation testing）就是为了评价单元测试写得好与坏、对与错而存在的，这是因为根据测试覆盖率的高与低并不能完全评价一个测试的好与坏。如代码清单 2-1 所示，有一个做单元测试的需求。

代码清单 2-1

```
1    public double cal(int a,int b){
2        renturn a/b;
3    }
```

针对上述代码编写的测试用例如代码清单 2-2 所示。该段代码可以完全覆盖代码清单 2-1 中的行。

代码清单 2-2

```
1    public void test_cal(){
2        assertTrue(cal(1,1)>0);
3        assertTrue (cal(0,10)=0);
4    }
```

如果存在特殊需求，需要修改代码清单 2-1 中的代码，修改后的代码如代码清单 2-3 所示。

代码清单 2-3

```
1    public double cal(int a,int b){
2        renturn a/(b-1);
3    }
```

此时通过原始的单元测试已不能够发现对应测试的问题，因此仅仅通过行覆盖率评价一个单元测试不再完美。因此我们引入了变异测试。变异测试也称作"变异分析"，是一种在细节方面改进程序源代码的软件测试方法。这里的变异是基于良好定义的变异操作，这些操作或者模拟典型应用错误（如使用错误的操作符或者变量名称），或者强制产生有效的测试（如使每个表达式都等于 0）。变异测试是覆盖率的一个很好的补充，相较于覆盖率，它能够使单元测试更加健壮。推荐使用变异测试框架 Pitest。

在已有的项目中使用 Pitest 并不难，只需要在对应 Maven 的 pom.xml 文件中加入 Pitest 的 Maven 插件即可，具体如代码清单 2-4 所示。

代码清单 2-4

```
1    <plugin>
2        <groupId>org.pitest</groupId>
3        <artifactId>pitest-maven</artifactId>
4        <version>LATEST</version>
5    </plugin>
```

然后，运行 mvn org.pitest:pitest-maven:mutationCoverage，得到对应的结果。变异测试是评价单元测试的，因此并不需要每次都运行持续集成，按照固定周期执行评价即可。如果团队维护一个完善的单元测试，当单元测试执行失败时，那么引起单元测试失败的问题是不是一个缺陷呢？

IEEE 729-1983 对缺陷有一个标准的定义：从产品内部看，缺陷是软件产品开发或维护过程中存在的错误、故障等问题；从产品外部看，缺陷是系统所需要实现的某种功能的失效或违背。从缺陷的定义可以看出，软件缺陷都是运行后影响某些正常或者预设行为的情况，从开发阶段开始就有可能引入了缺陷。缺陷从发现到修复、关闭要历经一个缺陷生命周期，从而完成不同角色之间的流转。其中会涉及多个人，如开发工程师、测试工程师、产品经理甚至运维工程师，每个人做了缺陷生命周期中不同部分的工作。

开发工程师在写代码的同时会不断调试代码，因此有两类代码。一类是实现业务的代码，一类是单元测试代码，单元测试代码也是在不断调试中完善的。按照正常流程，开发工程师在本地调试成功，通过单元测试后，就可以把代码提交代码仓库的 feature 分支了。因此，如果本地的单元测试失败，开发工程师会继续调试并修改单元测试代码，这种情况并不能算软件缺陷，只能算开发调试。

2.4　自动化测试的设计模式

开发是有设计模式的，《设计模式：可复用面向对象软件的基础》一书中收录了 23 种经典的设计模式，但是这 23 种设计模式都是对开发的经典模式的总结，那自动化测试呢？其实自动化测试也是有设计模式的，典型代表就是 PageObject 模式（简称 PO 模式）。后续在 PageObject

模式的基础之上人们结合 BDD 的实践方法又推出了 ScreenPlay 模式，但是没有 PageObject 模式那么流行。

2.4.1　自动化测试的 PageObject 设计模式

PageObject 设计模式是目前界面自动化中普遍应用的一种设计模式，其广为流传主要是因为它可以让自动化测试代码更容易维护，简化测试代码。PageObject 设计模式的含义就是一个 Page（页面）就是代码中的一个 Object（对象），所以在应用 PageObject 设计模式进行测试自动化开发时，团队会为每个页面设计一个对象，而团队写业务代码时，由业务测试代码调用对象完成测试业务的逻辑代码。

下面以异步社区课程模块的访问流程为例讲解 PageObject 设计模式的好处。假设团队要测试异步社区课程端的以下两个流程。

- ❑　选课流程：登录异步社区首页，进入课程页，选择对应的课程，进入课程详情页。

- ❑　学习流程：登录异步社区首页，进入我的课程，选择要学习的课程，进入课程详情页，单击对应章节，进入课程播放页。

首先，要为异步社区上述流程中操作的每一个页面创建一个对应的类，页面-对象映射关系如图 2-4 所示。LoginPage 就是登录页的类，IndexPage 就是学习页的类，以此类推，这样就保障每一个页面都有一个对应类。

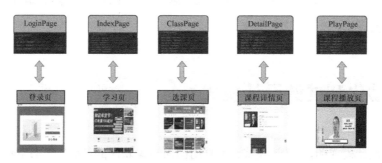

图 2-4　页面-对象映射关系

在选课流程中要操作登录页、选课页、课程详情页，就需要操作登录页、选课页、课程详情页的代码类，完成对应页面的业务流串联。选课流程的 PageObject 设计模式如图 2-5 所示。

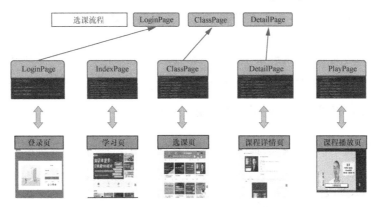

图 2-5　选课流程的 PageObject 设计模式

在上述设计基础之上，如果要完成学习流程的业务测试脚本，就需要调用登录页、学习页、课程详情页及课程播放页。学习流程的 PageObject 模式如图 2-6 所示。

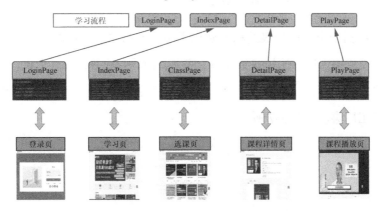

图 2-6　学习流程的 PageObject 模式

通过以上示例，可以看出测试业务逻辑脚本和 PageObject 模式中的 Object 类产生了调用关系，和实际页面没有产生代码映射关系，所以这几个页面的代码仅仅写了一次。因此，PageObject 模式降低了代码的冗余程度，提高了代码的可读性和可维护性。

同时，如果 UI 页面由于一些状况发生了一些变化（变化的内容影响了自动化代码，但是不影响业务），就无须将每一个应用到对应页面脚本的代码都修改一遍，只需要修改对应的 Object 代码即可。这既提高了修改效率，也降低了修改出错率。PageObject 设计模式在业务测试代码和被测试系统页面之间加了一层防护层，这样就可以将一些页面变更导致测试脚本必须修改的问题从这一层统一排除了。PageObject 设计模式的优越性就不言而喻，使用 PageObject 设计模式设计自动化测试明确分割了业务逻辑测试脚本和页面元素查找代码。

PageObject 模式的 UI 测试框架中，绝大部分是通过抽象工厂模式设计 PageObject 类的。抽象工厂模式提供了一个创建一系列相关或相互依赖对象的接口，而无须指定具体的类。抽象工厂模式又称为 Kit 模式，属于对象创建型模式中的一种。

在抽象工厂模式中，工厂方法具有唯一性。在很多情况下，一个具体的工厂有一个工厂方法或者一组经过重载的工厂方法。工厂却只能提供单个产品对象，因此才提出了抽象工厂模式。抽象工厂模式面对多个产品层级结构（产品层级结构即产品的继承结构，如果一个抽象类表示书，其子类表示计算机图书、绘本、小说，则抽象图书与具体品类的图书之间就构成了一个产品层级结构，抽象图书对应父类，而具体品类的图书对应其子类），一个工厂层级结构可以负责多个不同产品层级结构中产品对象的创建。

当我们可以根据一个工厂层级结构创建属于不同产品层级结构的一个产品族中的所有对象时，抽象工厂模式比工厂方法模式更简单、高效。因此，从某种程度上说，抽象工厂模式就是简化的工厂模式。在 Python 中使用依赖、继承产生新的对象。下面以打印纸为例，建立一个表示打印纸的工厂类，如图 2-7 所示。

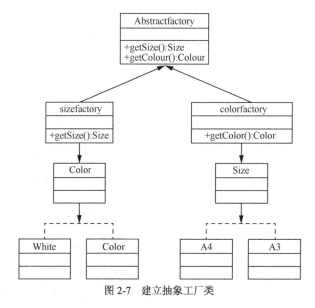

图 2-7　建立抽象工厂类

实现代码如代码清单 2-5 所示。

代码清单 2-5

```
1   devstack@devstack:~/devstack$ neutron
2   #!/usr/bin/env python
3   # -*- coding: utf-8 -*-
4   #__from__  = ' abstract_factory '
5   #__author__  = ' jdxntest '
6   #__instruction__  = '抽象工厂模式,打印纸的例子'
7   class AbstractFactroy ( object ) :
8       def getSize ( self ) :
9           return  Size()
10      def getColor ( self ):
11          return  Color()
12  class Size ( AbstractFactroy ) :
13      @ staticmethod
14      def sizeFactory (type):
15          if type == ' A4 ' :
16              return A4()
17          if type == ' A3 ' :
18              return A3()
19  class A4 ( Size ) :
20      def __init__ ( self ) :
21          print ' A4 \'s size : 210 mm × 297 mm '
22  class A3 ( Size ) :
23      def __init__ ( self ) :
24          print  ' A3 \'s size :  297 mm×420 mm`
25  class Color ( AbstractFactroy ) :
26      @ staticmethod
27      def colorFactory ( type ) :
28          if type == 'White' :
29              return White( )
30          if type == ' Color ' :
31              return  Color()
32  class White ( Color ) :
33      def __init__ ( self ) :
34          print  ' This  is a white paper'
35  class Color ( Color ) :
```

```
36      def __init__ ( self ) :
37         print ' This is a color paper '
38  if __name__ == ' __main__ ' :
39      abstractFactory = AbstractFactroy ()
40      types = Size.__subclasses__ ()
41      for type in types :
42          size = abstractFactory.getSize().sizeFactory( type.__name__ )
43      types = Color.__subclasses__ ()
44      for type in types:
45          colour = abstractFactory.getColor().colorFactory( type.__name__ )
```

GitHub 中有很多 PageObject 模式的 UI 自动化测试框架的封装，但是本书并没有使用其原始示例，而基于开源项目 page-objects，做了一些修改，且已经将其全部托管在 GitHub 上。本章开始部分就对 PageObject 模式下了定义，PageObject 模式既涉及 Page 也涉及 Object，包含里面的元素及对应的操作。因此，在 page-objects 项目中，除做一定的弥补之外，还在基础类库中添加元素的操作函数，并命名为 hi_po。

首先，介绍对 page-objects 的改造。hi_po 是基于 Python 语言的测试框架，结合 WebDriver 完成页面交互驱动，引入 HTMLTestRunner 来生成测试报告，引入 Excel 来进行数据驱动。然后，对应用的 page-objects 开源项目的代码进行分析。打开 page-objects，发现这个项目的关键代码全部在 __init__.py 中，如代码清单 2-6 所示。

代码清单 2-6

```
1  _LOCATOR_MAP  = { 'css' : By.CSS_SELECTOR ,
2                    ' id_ ' : By.ID ,
3                    ' name ' : By.NAME ,
4                    ' xpath ' : By.XPATH,
5                    ' link_text ' : By.LINK_TEXT ,
6                    ' partial_link_text ' : By.PARTIAL_LINK_TEXT ,
7                    ' tag_name ' : By.TAG_NAME ,
8                    ' class_name ' :  By.CLASS_NAME ,
9                    }
```

在 page-objects 中，先设计查找页面元素方法的枚举，以方便后续在任意一个页面的 PageObject 类中使用。在 page-objects 中还定义一个 PageObject 类，在 PageObject 类中调用 WebDriver，如代码清单 2-7 所示。

代码清单 2-7

```
1   class PageObject ( object ) :
2       """PageObject 模式
3       :参数 webdriver : 'selenium.webdriver.WebDriver', Selenium WebDriver 的实例
4       :参数 root_uri:  字符串
5   root_uri 是所有访问的基础 URI, 在调用 PageObject.get 方法后, 都会拼接 root_uri。在调用中如果
    没有显式给 root_uri 赋值, 那么将会在传入的 WebDriver 实例中进行查找
6       """
7       def __init__ ( self, webdriver, root_uri = None ) :
8           self.w = webdriver
9           self.root_uri = root_uri  if root_uri else getattr( self.w , ' root_uri ', None)
10      def get(self, uri):
11          """
12          :param uri:   所有 get 请求的父 URI
13          """
14          root_uri = self.root_uri  or  ''
15          self.w.get( root_uri + uri )
```

PageElement 类和 MultiPageElement 类用于处理页面的元素, 两者分别处理返回一个元素和一组具有相同 locator 的元素。对于 PageElement, 通过 locater 定位, 返回一个 WebElement 类型的实例, 通过该实例直接调用全部 WebDriver 的 WebElements 的 API 对页面的元素进行操作。

但 page-objects 并没有对一些常用的 WebDriver 实例的操作进行封装, 并且对一些类似于下拉列表框、单选按钮的互斥元素或者相关元素也未进行处理和封装。针对上述问题, 下面进入 hi_po 的设计环节。

定义 GroupPageElement 类, 用于获取一组相关的页面元素, 如一个下拉列表框、一组单选按钮等。该类放在 page_objects 的 __init__.py 文件中, 目前 GroupPageElement 仅支持基于 XPath 查找, 如代码清单 2-8 所示。

代码清单 2-8

```
1   class GroupPageElement ( MultiPageElement ) :
2       def find( self , context ) :
```

```
3          try:
4              dicGroup = {}
5              for aElement in context.find_elements( *self.locator ) :
6                  dicGroup[aElement.text] = aElement
7              return dicGroup
8          except NoSuchElementException :
9              return {}
10     def __set__( self, instance, value ) :
11         if self.has_context :
12             raise ValueError(" Sorry, the set descriptor doesn't support
               elements with context . ")
13         elems = self.__get__( instance, instance.__class__ )
14         if not elems :
15             raise ValueError(" Can't set value, no elements found ")
16         [elem.send_keys(value) for elem in elems]
```

通过 GroupPageElement 类，显示一组页面元素。例如，在页面上显示一个下拉列表框，其代码如代码清单 2-9 所示。

代码清单 2-9

```
1   <select id="success" name="success" class="form-control search-select" width="180px">
2       <option> 成功 </option>
3       <option> 失败 </option>
4   </select>
```

应用查找这一组页面元素的语句 selectSuccess = GroupPageElement（xpath ='//*[@id= "success"]/option'）就可以定位任意一个下拉列表框内的内容。如果选择"成功"，那么 selectSuccess.[u'成功'].click()就完成了单击，流程测试中的脚本清晰。

同时，在 PageObject 类中加入了以下 3 个成员函数。

❑　getTitle()：用于获取当前页面的标题，以方便在测试过程进行页面跳转的检测。

❑　switchTo()：整合了 iframe 或者窗口之间的跳转。

❑　acceptAlert()：用于接受一些警告交互。

3 个成员函数如代码清单 2-10 所示。

代码清单 2-10

```
1   def getTitle(self) :
2       '''
3       :返回：返回当前页的标题
4       '''
5       return self.driver.title
6   def switchTo ( self , loc ) :
7       '''
8       :参数 loc:需要切换的 iframe 或者窗口的 id、XPath 等 locator
9       '''
10      try:
11          self.driver.switch_to.frame( loc )
12      except:
13          try:
14              self.driver.switch_to.windows( loc )
15          except:
16              print  ' Error: no can switch to element '
17  def acceptAlert(self):
18      '''
19      接受警告
20      '''
21      self.driver.switch_to.alert().accept()
```

除对 page-objects 的一些修改之外，这里还对 Python 中标准的 unittest 框架做了二次封装，以便应用。unittest 是 Python 自带的单元测试框架，作为标准 Python 中的一个模块，是其他很多类似框架和工具的基础。unittest 类似于 Java 中的 JUnit，支持自动化测试，共享的启动、测试脚本的关闭，unittest 独立于测试报告框架，提供了测试套件模式。

unittest 有以下 4 个重要概念。

❑ 测试固件（test fixture）：代表一个或者多个测试准备工作，以及任何相关的初始化工作。例如，建立临时数据源、数据库代理、临时目录，以及启动服务端服务等。

❑ 测试用例（test case）：一次测试中的最小单元，通过一次输入和一次输出完成测试。unittest 提供了一个父类 TestCase，该类用于创建测试用例。

❑　测试套件（test suite）：测试用例的集合，主要用于将不同测试用例聚合到一起。

❑　测试运行器（test runner）：一个执行测试组件，用于将测试结果统一输出给测试者。测试结果可以使用图形界面、文本接口或者一个特殊的返回值显示。

在 hi_po 的 hi_po_unit 中，设计了 unittest.TestCase 的子类 HiPOUnit，重写了 setUp() 和 tearDown() 方法以完成部分测试固件中的工作；设计了 TestCaseWithClass() 和 TestCaseWithFunc() 两个静态方法，提供了按测试类和测试方法添加测试用例到测试套件的途径。具体代码如代码清单 2-11 所示。

代码清单 2-11

```
1    class HiPOUnit( unittest.TestCase ) :
2        def __init__ ( self , methodName='HiPORunTest', param=None ) :
3            super( HiPOUnit , sel f).__init__( methodName )
4            self.param = param
5        def setUp( self ) :
6            self.verificationErrors = []
7            self.accept_next_alert = True
8            #启动 Chrome 浏览器，并且最大化
9            self.driver = webdriver.Chrome()
10   def tearDown(self):
11   #关闭浏览器
12            self.driver.quit()
13            self.assertEqual([], self.verificationErrors)
14       @ staticmethod
15       def TestCaseWithClass ( testcase_class , lines , param=None ) :
16            '''
17            依据传入的测试类将其下述测试方法加入测试套件
18            : 参数 testcase_class: 测试类的名称
19            : 参数 param: 参数池是 dict 类型
20            : 参数 lines: 参数行数 (参数文件有多少行参数)
21            : 返回值: 无
22            '''
23            testloader = unittest.TestLoader()
```

```
24          testnames = testloader.getTestCaseNames( testcase_class )
25          suite = unittest.TestSuite()
26          i=0
27          while  i < lines:
28              for name in testnames :
29                  suite.addTest(testcase_class(name, param = param [ i ] ))
30              i = i+1
31          return suite
32  @staticmethod
33   def TestCaseWithFunc ( testcase_class , testcase_fun , lines , param = None ) :
34          '''
35          通过给定的类及其内部的测试方法将测试用例加入测试套件
36          : 参数 testcase_class:  testcase 类名
37          : 参数 testcase_func: 要执行的以 test_开头的函数名
38          : 参数 lines: 参数行数 (参数文件有多少行参数)
39          : 参数 param: 参数池是 dict 类型
40          :返回值: 无
41          '''
42          suite = unittest.TestSuite()
43          i = 0
44          while i < lines :
45              suite.addTest( testcase_class ( testcase_fun , param = param[i] ) )
46              i = i + 1
47          return suite
```

从代码中可以看出，重写的 setup() 已经引入了 WebDriver 的初始化，重写的 tearDown() 函数释放了测试执行程过程中占用的一些资源。

站在测试用例的角度看，以上代码包含了执行步骤和输入数据，PageObject 模式前面的一些改动都是为了执行步骤而做的。对于输入数据，接下来将通过简单工厂模式，完成数据驱动的开发。简单工厂模式属于创建型模式，又称作静态工厂方法（Static Factory Method）模式，但不属于 23 种设计模式。

简单工厂模式指由一个工厂对象决定创建哪种产品类的实例。简单工厂模式是工厂模式家族中最简单的一种模式，可以理解为不同工厂模式的一个特殊实现。

在数据驱动部分的设计中，首先设计 Param 的父类，其他类型的参数文件通过对应的子类实现，当前使用.xls 格式，因此由 XLS 类实现。具体代码如代码清单 2-12 所示。

代码清单 2-12

```
1   class Param(object) :
2       def __init__( self , paramConf='{}' ) :
3           self.paramConf = json.loads( paramConf )
4       def paramRowsCount ( self ) :
5           pass
6       def paramColsCount ( self ) :
7           pass
8       def paramHeader( self ) :
9           pass
10      def paramAllline( self ) :
11          pass
12      def paramAlllineDict( self ) :
13          pass
14  class XLS ( Param ) :
15      def paramRowsCount ( self ) :
16          '''实现 Param 类中的 paramRowsCount  '''
17          return self.paramsheet.nrows
18      def paramColsCount ( self ) :
19          '''实现 Param 类中的 paramColsCount  '''
20          return self.paramsheet.ncols
21      def paramHeader ( self ) :
22          '''实现 Param 类中的 paramHeader   '''
23          return self.getOneline(1)
24      def paramAlllineDict( self ) :
25          '''实现 Param 类中的 paramAlllineDict '''
26          nCountRows = self.paramRowsCount()
27          nCountCols = self.paramColsCount()
28          ParamAllListDict = {}
29          iRowStep = 2
30          iColStep = 0
31          ParamHeader= self.paramHeader()
32          while iRowStep < nCountRows :
33              ParamOneLinelist = self.getOneline ( iRowStep )
```

```
34              ParamOnelineDict = {}
35              while iColStep < nCountCols:
36          ParamOnelineDict[ParamHeader[iColStep]]=ParamOneLinelist[iColStep]
37                  iColStep = iColStep+1
38              iColStep = 0
39              #print ParamOnelineDict
40              ParamAllListDict[iRowStep-2] = ParamOnelineDict
41              iRowStep = iRowStep + 1
42          return ParamAllListDict
43
44  def paramAllline(self):
45          '''实现 Param 类中的 paramAllline '''
46          nCountRows = self.getCountRows()
47          paramall = []
48          iRowStep = 2
49          while iRowStep < nCountRows:
50              paramall.append ( self.getOneline ( iRowStep ) )
51              iRowStep = iRowStep + 1
52          return paramall
```

设计了 ParamFactory 的工厂类后，通过 MAP 的 key-value 形式实现不同参数的调用。具体代码如代码清单 2-13 所示。

代码清单 2-13

```
1   class ParamFactory( object ) :
2       def chooseParam ( self,type,paramConf ) :
3           map_ = {
4               'xls' : XLS( paramConf )
5           }
6           return map_[type]
```

这样，当添加一种新的参数类型时，只需要实现对应类型的 Param 的子类，然后维护 ParamFactory 中的 MAP 就可以通过简单工厂模式进行使用，减少代码的整体变动。

当利用 XLS 类解析 Excel 参数时，Excel 有一个默认格式的约束。

❑ 第 1 行是参数的实际中文意思。

❑   第 2 行是参数的名称。

❑   第 3 行及其后面的参数是实际测试过程中的参数。

❑   一行是一条测试用例。

PageObject 模式的优越性具体如下。

❑   全部业务逻辑操作用到的同一个页面都会调用同一段代码，可提高测试脚本的复用性。

❑   Object 中统一维护测试页面的代码，当发生变更时，直接修改 Object 的代码即可，无须大面积搜索代码中对应页面元素的代码，可提高代码的可维护性。

❑   PageObject 设计模式将页面代码和业务逻辑分开，使业务逻辑代码仅仅表述业务逻辑，从而提高代码的可读性。

2.4.2   自动化测试的 ScreenPlay 设计模式

已经开发的设计模式有 23 种之多，自动化测试的设计模式不仅有 PageObject 设计模式，还有 ScreenPlay 设计模式。ScreenPlay 设计模式也曾被称作 Journey 模式。ScreenPlay 设计模式更好地将 SOLID（Single Responsibility，Open Close，Liskov Substitution，Interface Segregation，Dependence Inverse，单一功能、开闭、里氏替换、接口隔离及依赖反转）原则应用到自动化测试中。

图 2-8 描述了 ScreenPlay 设计模式，它充分利用了 BDD（Behavior Driven Development，行为驱动开发）设计方法。

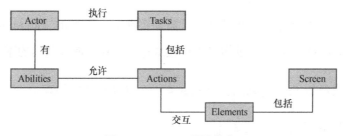

图 2-8   ScreenPlay 设计模式

其中，Screen 近似等同于 PageObject 设计模式中的 Object，ScreenPlay 设计模式的 Screen 类更小，拥有更精简、更聚焦的 Task 类，可读性高且继承关系简单。当前 ScreenPlay 设计模式的测试框架是 Serenity BDD，如果读者感兴趣可以深入研究一下。

2.5　UI 自动化新思路

UI 自动化测试在很多时候既是测试工程师的技术门槛，又是测试工程实践的"鸡肋"，为什么这么说呢？

首先，现在各大互联网公司对测试工程师的要求都包含 UI 自动化测试的内容，无论是 Web UI 自动化测试还是 App UI 自动化测试都会有所涉及。但是在各大互联网公司的自动化落地实践中，UI 自动化测试的好经验和好案例少之又少，大家都在诟病 UI 自动化带来的低的投入产出比。UI 自动化测试真的就"食之无味，弃之可惜"吗？其实也并不尽然。

UI 自动化测试框架首推 Selenium。目前，Selenium 已和 UI 自动化测试开源项目 WebDriver 合并，合并后的名称为 Selenium WebDriver。Selenium 并不是第一个 UI 自动化测试框架，在它之前出现的 UI 自动化测试框架是 Mercury 公司开发的 QTP。如果你没有听说过 QTP，那么你可能了解另外一款测试工具——LoadRunner，目前这些工具几经易主。但是随着 Selenium 的发展，Selenium 逐渐在 UI 自动化测试中使用的比例最高。Selenium 目前已发展到 Selenium 3.0。Selenium 3.0 其实是网页界面自动化解决方案的统称，包含了 Selenium WebDriver、Selenium IDE、Selenium Grid，如图 2-9 所示。

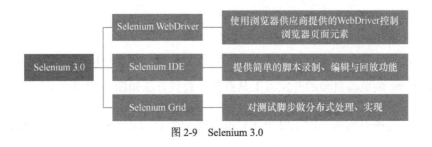

图 2-9　Selenium 3.0

Selenium 能够被广大测试工程师拥护，与它是开源项目分不开。在 QTP 出现后的一段时间内时，并非所有人都负担得起 QTP 昂贵的许可费用，这限制了 QTP 的普及。在广大测试工程师对 UI 自动化测试工具极度渴求时，免费的 Selenium 所有人的"及时雨"。

随着测试工程师在界面自动化测试上的投入越来越多，很多人会发现使用 Selenium WebDriver 实现 UI 自动化测试难以起到原本设想的降本增效效果。要说明 UI 自动化测试的问题，就不得不先介绍一些 Selenium WebDriver 的基础知识。要使用 Selenium WebDriver 完成 UI 自动化测试，首先要选取对应浏览器的 WebDriver，目前它支持的浏览器有 Chrome、Firefox、Edge、IE、Safari 和 Opera。项目要支持哪个浏览器，就要下载对应浏览器的驱动程序。下面以 Chrome 浏览器为例讲解该现象产生的原因。

首先，需要从官方网站下载对应 Chrome 浏览器的 chromedriver 程序。测试流程如下。

（1）登录百度网站。

（2）在搜索框中，输入"异步社区"。

（3）单击"搜索"按钮。

利用 Selenium 完成对应的流程，代码如代码清单 2-14 所示。

代码清单 2-14

```
1    //访问首页
2    driver.get("https://www.baidu.com/");
3    //输入搜索关键字
4    driver.findElement(By.id("kw")).sendKeys("异步社区");
5    //搜索
6    driver.findElement(By.id("su")).click();
```

这里 By.id 是页面元素定位器，当前脚本中是以页面元素的 id 来定位的。页面元素的 id 可以通过 Chrome 浏览器自带的开发者工具查找，查找方法如图 2-10 所示。

但是，并不是所有前端页面上每个元素都会有一个 id，因此 Selenium WebDriver 提供了多种元素定位方法，如通过 id 定位，通过 name 定位，通过 XPath 定位，通过 class 定位等。可以想象一下，对于任意一个复杂度较高的系统来说，通过这种方式将全部业务流都使用Selenium WebDriver 的自动化测试脚本实现，脚本中必然充斥着大量元素定位器的代码。此时如果前端代码发生变更，UI 自动化测试脚本是否还能够正常定位到每一个元素，并完成预制的操作就是一个未知数了。

图 2-10 定位器查找方法

绝大部分情况下，UI 自动化测试遇到的都是这种情况：花费了大量人力成本将项目的 UI自动化测试脚本编写好、调试通，但是当更新脚本并再次使用时，脚本回放永远是失败的。

导致上述结果的原因可能如下。

❑ 前端工程师在修改或者开发新需求时，修改了原页面元素定位器使用的定位内容。

❑ 与前端工程师无关，前端框架发生了修改，每次发布后都不一样。

❑ 脚本回放过程中速度过快，每次从客户端发出请求后，服务器端都会在处理完成后将页面的部分信息一起返回给客户端，客户端再通过浏览器的渲染展示给操作者，如果脚本要查找"搜索"按钮，而"搜索"按钮还没有及时展示在页面中，虽然测试流程没有问题，但测试脚本同样会报出 no element 的错误。

诸如此类的问题让 UI 自动化测试的重要性逐渐降低，变成了测试工程师的"鸡肋"。

既然上面所说的 UI 自动化测试问题无论在 Web 界面自动化测试还是在移动端界面自动化测试中都是普遍存在的，那么界面自动化测试就没有工程实践的价值了呢？

答案是否定的。UI 自动化测试大范围落地最大的问题就是业务的快速迭代导致的页面高频次变化和测试脚本精准元素定位之间存在矛盾。如果 UI 自动化测试不受制于页面的小范围变化，是不是就提高了自动化测试的价值呢？

一款 AIDT（AI Driven Testing，人工智能驱动的测试）框架 recheck-web 的出现就解决了该问题。下面举例进行说明。

系统前端升级前测试工程师参照 UI 自动化测试脚本撰写的页面如图 2-11（a）所示，方框圈出来的菜单的定位脚本如代码清单 2-15 所示。

如果在某一次升级后，前端发生了变化，这些变化又刚好是 UI 自动化测试脚本使用的，变成图 2-11（b）的样子。这时，原生的 Selenium 框架脚本就需要修改定位器，具体代码如代码清单 2-16 所示。

(a)升级前　　　　　　　　　　　　　(b)升级后

图 2-11　recheck-web 测试系统

代码清单 2-15

```
driver.findElement(By.partialLinkText("质量效能解决方案")).click();
```

代码清单 2-16

```
driver.findElement(By.partialLinkText("质量效能解决")).click();
```

如果代码中这样的引用只有一个还好，但是如果有很多就是一个灾难性的修改。PageObject 模式可以很好地解决此类问题，测试工程师将页面的 Object 对应的定位代码修改一下即可。但实际工作中不是这样的，实际工作中要求在线运行自动化测试脚本，发现问题后，要及时找到对应问题，修改定位器的代码后再运行。每次发生变更后，UI 自动化测试脚本是否能够顺利通过就变成了一个未知数，定位、修复脚本的成本很高。

recheck-web 能够让测试工程师在不修改脚本的情况下，正确完成上述业务流程，并告知测试工程师哪些地方有了变化，但是没有影响正确的业务流程。

recheck-web 是基于 Selenium 的加强版本，因此在原来的自动化测试工程中 Selenium 脚本可以无损地升级到支持 recheck-web 框架，具体改造点如下。

首先，加入 Maven 依赖，如代码清单 2-17 所示。

代码清单 2-17

```
1  <dependency>
2      <groupId>de.retest</groupId>
3      <artifactId>recheck-web</artifactId>
4      <version><!-- latest version, see above link --></version>
5  </dependency>
```

然后，在测试代码中导入 recheck-web，如代码清单 2-18 所示。

代码清单 2-18

```
1   import de.retest.recheck.*;
2   import de.retest.web.selenium.RecheckDriver;
```

最后，改造测试脚本，修改后的脚本如代码清单 2-19 所示。

代码清单 2-19

```
1   re = new RecheckImpl();//新建 recheck 对象
2   driver = new RecheckDriver(new ChromeDriver(options));//导入 recheckDriver
```

```
3    re.startTest();//测试逻辑开始时导入
4    re.capTest();//测试逻辑断言部分改成 recheck 的断言
```

完成改造后，遇见类似情况的升级后，再次运行 UI 自动化测试脚本就不会再出现 no element 异常了，而是正确地执行完全部的自动化测试逻辑，并给出测试通过的结论。同时，测试人员可以从交互提示中知道页面还是有变动的，这样既避免了大量使用 UI 自动化测试脚本完成测试时，脚本错误导致执行中断，也掌握了不影响业务的页面变更的内容。自动化测试结果如图 2-12 所示。

图 2-12　自动化测试结果

2.6　接口测试和接口自动化测试

接口测试不像 UI 自动化测试那样具有一些代表性的测试开发框架，当提到接口测试时，我们首先想到的应该是一些测试工具，如 Postman、Fiddler、Charles 等。

2.6.1　接口测试

要弄清楚利用接口测试工具完成的测试是不是接口自动化测试，先要了解接口是什么。维基百科对接口的定义如下。

应用程序接口（Application Program Interface，API）是一种计算接口，它定义多个软件中介之间的交互，以及可以进行的调用（call）或请求（request）的种类，如何进行调用或发出请求，应使用的数据格式，应遵循的惯例等。它还可以提供扩展机制，以便用户可以通过各种方式对现有功能进行不同程度的扩展。一个 API 可以是完全定制的，针对某个组件的，也可以是基于行业标准设计的，以确保互操作性。通过信息隐藏，API 实现了模块化编程，从而允许用户独立地使用接口。

通过上面的定义，其实不难看出，接口就是提供系统或者软件之间相互调用关系的支持方式的统称。从接口实现者的角度看，接口定义了可以向外部提供的服务。从接口调用者的角度看，接口定义了实现者能提供哪些服务。接口测试就是实现者和服务调用者之间的一种契约。

接口也就是一种面向对象解决问题的思路，通过定义接口解决某一类问题，当其他系统需要解决相同问题时，可以调用该接口，从而节省开发时间，避免代码的冗余。软件开发中各式各样的设计模式就研究如何让抽象更合理。这里的系统调用者既可以是其他接口提供者，也可以是最终展现给最终用户的前端部分，如图 2-13 所示。

图 2-13 接口的原理

站在上述角度，如果测试工程师要完成接口测试，那么测试就是一个调用者，依据接口实现者承诺的契约检测是否已达成约定，同时会考虑一些其他软件质量特性。这里的接口测试就通过模拟接口调用的客户端实现系统的检测。接口测试如图 2-14 所示。

图 2-14 接口测试

接口测试工具通过单击或者较少的代码交互快速实现一个客户端，从而能够快速完成接口的测试工作。接口自动化测试指能够自动完成接口测试中执行的测试活动，包括接口测试和自动化测试。

接口测试指依托测试技术模拟协议客户端行为（该客户端是协议层的访问客户端，具体可表现为客户端系统，也可以是微服务的调用发起方等任何包含协议发起方代码或者实现的系统或软件），按照测试用例设计方法完成接口入参的设计，与被测服务器端发生交互并验证结果是否满足预期的测试行为。

自动化测试指能够提供按迭代、按需、定时完成无人或者较少人直接参与的测试活动。

我们可以将接口自动化测试应用于任何依托网络传输协议完成交互（客户-服务端类）的系统中，包含 C-S 架构的系统和 B-S 架构的系统。因此，一个接口自动化测试主要包含以下内容。

- ❑　模拟协议客户端行为的测试技术，这既可以是测试脚本也可以是测试平台，甚至是测试工具。

- ❑　接口逻辑模拟，这既可以通过录制后修改的方式完成，也可以通过在特定的编辑环境或者测试框架下的测试代码完成。

- ❑　测试数据以某一种形式存储于接口逻辑模拟之外的文件或者服务中，在接口访问过程中按照某一种测试参数策略选取参数，通过不断地给同一个逻辑赋值检验各种不同的预期结果。

- ❑　通过断言类操作，校验实际交互结果与预期设计结果是否一致，以自动化地完成测试结果评估，通过某种方式将不满足预期的测试用例告知接口自动化测试工程师。

随着自动化测试技术的发展，接口自动化测试中的接口逻辑模拟、测试数据设计、断言操作、测试缺陷自动提交、误报缺陷自动过滤等无人参与或者少人参与的功能越来越多，这些技术在质量效能方面都起着至关重要的作用，但是它们还不是接口自动化测试必备的功能模块。

2.6.2　接口自动化测试的价值

从金字塔模型到橄榄球模型的转变就是为了弥补单元测试的不足，随着测试工程师不断地加大在接口自动化测试上的投入，接口自动化测试逐渐划分成单接口测试和业务场景测试。

单接口测试不断地扩大检测范围，既保证了单个接口功能的正确性，也覆盖了单接口的可靠性，从而不断提升接口测试的测试深度和测试广度，向下则逐渐覆盖一些公共接口的单元测试内容。

业务场景测试通过多接口串联及上下文参数处理完成业务逻辑的模拟，往上则逐渐覆盖应该由 UI 层保障的业务逻辑测试。

这种变化是工程实践选择的结果，它主要的优越性如下。

❑ 接口自动化测试更容易与其他自动化系统相结合。

❑ 相对于 UI 测试，接口自动化测试可以更早开始，也可以测试一些 UI 测试无法测试的内容，因此它使"测试更早地投入"这句话变成现实。

❑ 接口自动化测试还可以保障系统的鲁棒性，使得被测系统更健壮。

2.6.3 与接口自动化测试相关的实现技术

接口自动化测试主要包含模拟协议客户端、接口逻辑模拟、数据驱动、自动化执行、断言操作、关键字驱动、测试替身等。除这些必要内容以外，测试缺陷自动提交、误报缺陷自动过滤也是必须关注的技术方向。本节将介绍这些技术。

模拟协议客户端指模拟协议客户端行为的测试技术，这既可以是测试脚本也可以是测试平台，它主要提供一种模拟与被测服务交互的技术手段，提供与被测系统发生交互的基础，从而方便接口测试的实现。例如，HTTP 常用代码调用对应协议访问客户端类，如 Java 的 HttpClient、Python 的 requests 等，或者利用常规工具 Postman（Postman 的使用方法参加附录 F）等。

接口逻辑模拟指通过录制修改或者脚本开发，在模拟协议客户端技术的基础之上实现与被测服务的交互。该交互主要实现了被测接口的访问与参数传递，以及返回值的获取，如 HTTP 接口通过写代码完成访问 URI、参数、访问方法等的设置，发起访问并获取返回值，或者通过 Postman 中新建的请求完成对应的设置。与 HTTP 相关的知识参见附录 C。

数据驱动指为接口自动化测试的接口逻辑模拟部分提供被测接口参数的入参，该入参可以按照某种形式存储在外部文件或者外部服务中，通过自有的参数策略进行选取，从而实现一个接口逻辑模拟方式的多次入参访问，以大幅度提高接口模拟逻辑的复用率，以及接口自动化测试的开发效率。例如，在编写脚本时，常会将参数放入.CSV、JSON、数据库等文件或者服务中。

断言操作指提供针对接口自动化测试返回值的部分或者全部的一些预期的自动比对，其中支持一些布尔运算，如等于、包含、不包含等。

自动化执行指接口自动化测试能够支持按需或者定时调用部分或者全部接口自动化测试脚本完成测试。这里的按需指按照固定需要，这既可能是迭代的需要也可能是质量保障环节的需要。同时，要提供定时执行能力，这既可以由自动化接口测试框架或者平台自己提供，也可以借助持续集成平台完成。

关键字驱动指提供关键字封装功能，能够通过关键字将一些接口封装成某一流程的关键字，而通过该关键字就可以完成对应业务流的测试、调用等。这样我们就可以把一些接口自动化测试隐藏到业务识别关键字中，提高编码的可读性和复用性。

测试替身指为了达到测试目的并且减少对被测对象的依赖，在依赖接口编程的程序中使用测试替身代替一个真实的依赖对象，从而保证测试的速度和稳定性。在国内它常和 Mock 概念等同。

测试缺陷自动提交指接口自动化测试在执行过程中失败，并发现被测系统缺陷时，可以自动上报现象、脚本及实际返回值，完成新缺陷的提交。

误报缺陷自动过滤指接口自动化测试在执行中出现失败后，判断对应失败并非被测系统的缺陷导致的，而是环境问题、数据问题、依赖问题而导致的，这些并不是缺陷，可以自动将其反馈给测试工程师而并不上报新缺陷。

接口的逻辑模拟生成指通过某些接口输入内容自动完成接口的逻辑模拟形式的生成，通常自动生成测试代码。

测试报告指对测试结果以统一的方式展示，能够提供表格、统计图等格式的总体分析，甚至可以将缺陷报告、误报缺陷自动过滤模块的内容同时输出到报告中。

整体来说，一个接口自动化测试至少要包含模拟协议客户端、接口逻辑模拟、数据驱动、断言操作、关键字驱动、测试报告。对于微服务化的系统，测试替身是必不可少的内容。而测试缺陷自动提交、误报缺陷自动过滤、测试脚本生成则是随着测试技术的发展而新出现的技术，但是这些技术发展迅速，有可能成为接口自动化测试技术未来发展的方向。

2.6.4 如何开始接口测试

开始接口测试并不需要具备非常高端的知识体系，而需要一些行动，在行动过后具体是选择工具平台还是学习脚本开发由实践驱动。同时，技术、技术栈还要根据团队代码基础、项目迭代周期及团队技术水平综合选择。

下面就以目前测试工作中常见的 HTTP 接口为例，讲解如何开始接口测试（也可以通过一些代理工具查看协议交互的内容，HTTP 代理工具参见附录 B）。

在开始接口测试时，不要贸然使用你已经掌握的接口测试工具或者接口测试代码访问被测接口，要先理解接口的实现。这是因为只有理解了接口的实现才能设计出完善的测试用例，保障被测接口的质量。

对于接口的实现，主要收集以下内容。

❑ 实现者的契约：说明为什么要实现这个接口，即该接口要完成的实际逻辑。这里说的并非代码逻辑，而是要弄清楚是为了满足什么需求而创建的接口，接口要完成什么逻辑处理过程，这个逻辑处理过程满足了什么业务实现。然后，我们即可在业务逻辑的基础之上设计测试数据。

❑ 交互的接口信息：建立在接口实现的业务逻辑基础之上，要掌握该接口的访问 URL、HTTP 方法、header 的内容要求、Cookie 的内容要求、body 的内容要求等，这样我们就可以通过接口测试工具模拟接口的调用方，再与测试数据相结合，完成接口测试的关键信息的整理。

在搭建测试框架时，不要纠结于技术选型，更不要以研发工程师的技术栈作为标准，而应根据团队的技术实力与技术功底来做选择，这是因为研发工程师和测试工程师关注的角度及交付目标是不同的。

对于任何研发工程师来说，主要工作就是通过写代码满足产品需求或实现原型设计。研发工程师关心高并发、低消耗、分布式、多冗余，相对来说更关注代码的性能和可靠性。

测试工程师无论使用接口自动化测试，还是使用基于界面的手动测试，首要目标都是保障交付项目的质量，业务侧的表现在大多数情况下不是测试工程师关注的重点。

因此，在技术栈的使用频度和使用广度上，研发工程师都远超测试工程师，除非团队本来就有相应的知识储备。为了提高工作效率，使用团队熟悉的技术栈完成接口自动化测试即可。这里强调一下，无论采用何种技术栈写代码，它们都只是帮助团队实现接口测试的手段，而不是为了测试团队交付的结果。

2.7　测试驱动开发

测试技术已经进入了一个快速发展的时期，各种理论、方法和实践结果层出不穷，这只能说明这个行业正处在高速发展期，在长期的探索中拥有大量的工程实践。测试驱动开发（Test Driven Development，TDD）在 DevOps 的推动之下也有了很多实践。TDD 也分为单元测试驱动开发（Unit Test-Driven Development，UTDD）和验收测试驱动开发（Acceptance Test Driven Development，ATDD）。

如果说 UTDD 是一个科学方法论，其实并不完全正确，应该说它是一个工程实践方法。那么单元测试驱动开发是如何实践的呢？下面以计算 L 为例展开讨论（L 的计算没有任何意义，这里只是举例）。L 的计算方法如下：

L=（用户购课数量−用户购课暂未更新完成的数量−用户结业课程数量）×用户购课费用/用户购课数量

其中，用户购课数量指用户在社区购买的课程数量；用户购课暂未更新完成的数量指用户已经购买但是课程自身还没有更新完的课程数量；用户结业课程数量指用户已经完成了全部学习的课程数量；用户购课费用指用户购买课程的花销。如果 L 小于或等于 0，那么返回 0；如果 L 大于 0，那么返回 1。根据该逻辑写出的测试代码如代码清单 2-20 所示。

代码清单 2-20

```
1    @Test
2    void testL() {
3        assertEquals(0, A.l(10,5,5,199.9));
4        assertEquals(1, A.l(10,0,5,199.9));
5    }
```

在写完该单元测试用例后，运行测试代码，因为此时还未写计算 L 的代码，所以测试结果为 Fail。计算 L 的代码如代码清单 2-21 所示。

代码清单 2-21

```
1    public class A {
2        public static int l(int Num, int NoEndNum, int FinishNum, long PayMon) {
3            int Flag=(Num-NoEndNum-FinishNum)*PayMon/Num
4            if(Flag>0){
5                return 1;
6            }
7            else{
8                return 0;
9            }
10       }
11   }
```

完成了计算 L 的 l() 函数后，再次运行测试脚本，测试结果为 Pass。此时其实该单元测试驱动开发仍未结束，需要再次为计算 L 的代码 A.l() 完成一次重构，这里的重构并非推翻重来，而要精简代码，添加注释。到此，TDD 实践才真正结束。依据上述实践过程，得到的单元测试驱动开发实践流程如图 2-15 所示。

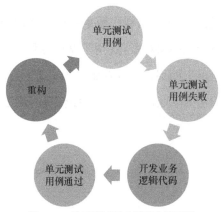

图 2-15　单元测试驱动开发实践流程

一个业务是从写单元测试开始的，首先针对业务功能编写好单元测试代码，然后运行对应的单元测试代码，得到失败的测试结果。接下来，开发人员开始开发业务代码，业务代码开发结束后再次运行对应的单元测试。测试通过后，开发工程师再完善对应代码段的注释、优化实现，完成一次单元测试驱动开发的实践过程。当再次有新的需求、功能进入开发流程时，重复上述循环流程。图 2-16 展示了测试视角的单元测试驱动开发流程。

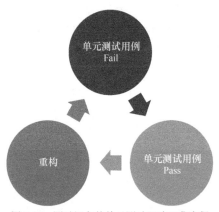

图 2-16　测试视角的单元测试驱动开发流程

站在测试视角，单元测试驱动开发最终会抽象成三大阶段，编写的测试用例执行失败，在完成业务逻辑开发后，单元测试用例通过，然后重构，从而完成 TDD 的"红绿重构"循环。

从名称上可以看出 ATDD 是一种基于需求的工程实践。在开发开始之前，团队整体讨论每一个需求，确定每一个需求（这里以敏捷开发中的 feature 形容更合适）的验收标准，同时提取出一组验收测试的测试用例（也就是前面章节的验收条件）。这样团队内可以更好地统一认知，消除理解误差，快速通过测试，快速交付系统。

验收测试驱动开发实施流程（见图 2-17）一般是从讨论需求开始的，在团队内部最初讨论需求时，就开始了验收标准的讨论，这样可以在最初就统一对每一个需求的理解和认知。接下来，无论是自动化测试还是手工测试，为需求设计测试用例更加注重的都是业务流程正确性的测试，这部分工作由测试工程师独立完成，并通过与业务需求一线人员交互确认测试用例。验收测试驱动开发在敏捷团队中结合探索测试会更容易落地实现，但是对于传统测试团队来说，如果只靠测试团队是无法完成转变的。

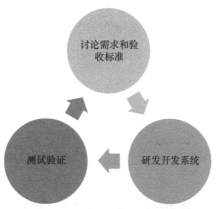

图 2-17　验收测试驱动开发实施流程

2.8　小结

自动化测试是持续测试得以实现的必要条件，用自动化测试分层理论指导实践可以加快质量保障流程，弥补自动化测试各层的间隙，提高质量保证的效果和效率，保障持续交付流水线的流畅度。

同时，引入测试驱动开发，在代码层次，在编码之前首先写单元测试脚本，然后编写代码直到单元测试通过，提高代码的交付质量。在开发、设计、写代码之前，首先明确（定义）每个用户故事的验收标准，然后基于用户故事的验收标准进行开发，从而从需求侧就开始进行质量保障活动，这样即将测试活动贯穿于整个制品交付过程，从而更加有效地保障制品的质量。

第3章 持续测试中的非功能测试

持续测试是一种测试实践，它包含了涉及全部质量特性的测试活动。因此，持续测试也包含非功能测试。众所周知，软件质量特性包含功能性、可靠性、可用性、效率等，前面已经介绍了一些功能性在持续测试中的落地方法，下面就讲解一下持续测试中的非功能测试。

3.1 性能测试

性能测试估计是所有测试工程师都耳熟能详的术语，对于怎么进行性能测试，很多人能讲解一二，至于性能测试是什么，却难以给出定义。性能测试是一个统筹概念，指在一定的约束条件下测试系统能够承受的并发用户数，这里的约束条件指被测系统运行所需的软件、硬件、网络等外部约束条件。

在性能测试里面还涉及诸如负载测试、压力测试、极限测试、容量测试等概念，这些概念相互交织，并没有行业普遍认可的定义。

其实负载测试是模拟实际软件系统所承受的负载条件的测试。压力测试用于评估处于或超过预期负载时系统的运行情况。极限测试类似于压力测试，容量测试类似于负载测试。但是这些仅仅是概念上的分类，在测试过程中我们很难把负载测试和压力测试分得清清楚楚。

在实际工作中，性能测试、压力测试、负载测试很多时候是指一件事，即负载测试。所以在工作中，提到上述概念时，除非有其他前置条件，否则都可以按照负载测试准备。

持续测试中更倾向于制品交付过程的流畅、连续，因此在性能测试上会更加倾向于 DevOps 流水线双向驱动的性能测试技术的应用实践，尤其是性能测试即代码的技术落地。

3.1.1　性能测试工具概述

性能测试就是通过模拟高并发访问完成的，这个模拟并不是真的有多个用户一起访问系统，而是通过工具完成的。性能测试工具模拟高并发有 3 种模式，分别是多进程、多线程和协程。进程、线程和协程的关系如图 3-1 所示。

图 3-1　进程、线程和协程的关系

进程是为了更好地利用 CPU 资源而定义的，用于分配系统资源、标识任务。进程是系统资源分配的最小单元，主要占用地址空间、全局变量、文件描述、硬件等资源。操作系统以多进程的方式完成多个任务，这样可以充分地利用系统资源。

当前主流性能测试工具中，LoadRunner 支持多进程，但是这个工具的授权费用非常贵。另外，多进程方式占用的系统资源较多，进程间的调度开销较大，因此在性能测试中并不推荐使用多进程方式。

线程就不一样了，线程降低了上下文切换的消耗，提高了系统的并发性。线程就好比一个汽车生产车间里的多条生产流水线，每条生产流水线并发处理相同事务的工作。若在一个进程中启动多个线程，以处理相同逻辑，就实现了并发处理的效果。LoadRunner、JMeter 都支持多线程并发访问模型，其中 JMeter 是一款开源的性能测试工具。

在性能测试过程中，常使用多线程模型来模拟并发访问，这样既可以完成并发访问，也可以充分地利用系统资源。协程是一个相对较新的概念，它通过用户控制完成调度，而不是通过 CPU 完成的，这样就避免了陷入内核级别的上下文切换造成的资源消耗，同时突破了线程在 I/O 上的性能瓶颈。协程不需要多线程的锁机制，基于线程实现调度。

Locust 是基于协程访问模型的性能测试工具。从事性能测试工作的读者很多应该听说过 LoadRunner，不过知道 Locust 的人估计就比较少了。这两款工具各有优势，在实际项目中具体选用哪一个要根据情况而定。

不过，在容器化技术盛行的当下，LoadRunner 已变得不那么好用。LoadRunner 与 Locust 都提供了 UI 的脚本编辑和录制、场景设置等功能，这导致在容器上使用它们时只能实现并发模拟，脚本的编写则需要在客户端的 PC 上完成。对于容器上的性能测试工具，我们希望它具有以下功能。

❑　支持在 PC 上编辑脚本并调试。

❑　支持在容器上编辑脚本并调试。

❑　支持在服务器端进行性能测试。

❑　拥有服务器端的性能场景设置功能。

❑　拥有服务器端无 UI 的场景设置功能。

❑　能和 CI（Continuous Intergration，持续集成）系统集成。

综上所述，强烈推荐使用 Locust。即使不在容器上使用，Locust 也是不错的选择。Locust 是一款开源的性能测试工具，支持使用 Python 代码定义用户行为，并采用纯 Python 描述测试脚本。使用 Locust 可以模拟百万级并发用户访问系统。除 HTTP/HTTPS 之外，Locust 还可以用来测试使用其他协议的系统，只需要采用 Python 调用对应的库并对请求进行描述即可。

Locust 还是分布式的用户负载测试工具，可用来对网站或其他系统进行负载测试。使用 Locust 可以测试出系统并发处理的用户量，这完全是基于时间的，因此单台机器可能支持几千个并发用户。

LoadRunner 与其他采用进程和线程的测试工具则很难在单台机器上模拟较高的并发压力。相比许多其他事件驱动型应用，Locust 不使用回调，而使用轻量级的处理方式——协程。

协程是一种用户态的轻量级线程，由用户控制。协程拥有自己的寄存器上下文和栈，在切换进行时，协程会将寄存器上下文和栈保存到其他位置。等到切换回来时，协程不仅可以恢复保存的内容，从而降低内核切换的消耗，还可以不加锁地访问全局变量。协程避免了系统级资源的调度，因而大幅提高了单台机器的并发能力。

在 GB/T 25000.10 的八大质量特性中，性能效率这个独立的质量特性包含时间特性、资源利用性、容量、性能效率的依从性等质量子特性。利用技术手段检验信息系统性能效率的过程称为性能测试。通过性能测试，我们可以评估信息系统与性能效率要求的符合程度。信息系统通常包含以下方面的信息。

❑ 并发用户数：这是针对服务器而言的，指在同一时刻与服务器进行交互的在线用户数量。在压力测试期间，并发用户数指同时执行一个或一系列操作的用户数量，或同时执行某个脚本的用户数量。不同场景下的并发情况是不一样的，在实际的测试工作中，要根据具体的需求设置并发用户数。

❑ 最大并发用户数：用来描述信息系统的最大服务能力。

❑ 吞吐量：单位时间内系统所能处理的请求数量。对于交互式系统，吞吐量的单位通常是字节数/秒、页面数/秒或请求数/秒；对于非交互系统，吞吐量的单位通常是事务数/秒。

❑ 响应时间：分为用户响应时间和系统响应时间两种。用户响应时间指用户所能感受到的系统对其操作的响应时间。人的眼睛由于"视觉暂留"现象只能察觉 0.1s 以上的视觉变化，因此用户响应时间只要不超过 0.1s 即可。系统响应时间指计算机对用户的输入或请求做出应答的时间。压力测试一般站在用户的角度考虑问题，因而衡量的是用户响应时间。

❑ 资源利用率：描述信息系统性能状态的一系列数据指标，包括被测服务器的 CPU 利用率、内存使用率、磁盘 I/O 速率、网络吞吐量等。

❑ 等待时间：信息系统用户在进行业务操作时发出的两个连续请求的时间间隔。

性能测试用来评估系统的服务能力。性能测试主要分为以下 3 种。

❑ 负载压力测试：通过不断给系统增加负载，观察系统的性能变化并确定系统在满足一系列性能指标（包含响应时间、CPU 利用率、内存使用率、网络吞吐量、磁盘 I/O 速率等，其中关键的性能指标是响应时间、CPU 利用率和内存使用率）的前提下所能承受的最大负载。

❑ 失效恢复测试：针对提供系统冗余备份或负载均衡机制的系统，模拟系统局部发生故障后，在系统仍有大量用户持续访问的情况下，对系统服务能力的恢复进行测试，主要用来评估系统的健壮性和可恢复性。

❑ 疲劳测试：在保证总业务量的情况下长时间运行系统的测试，主要用来评估系统长时间、无故障、稳定运行的能力（测试周期通常是 7×24 小时、3×24 小时或 1×24 小时）。

3.1.2　Locust 和 LoadRunner

LoadRunner 是性能测试领域的标志性工具。LoadRunner 以模拟上千万用户实施并发负载并进行实时性能监测的方式确认和查找问题，因而能够对整个软件架构进行测试。LoadRunner 还能最大限度地缩短测试时间、优化性能并缩短应用系统的发布周期。LoadRunner 适用于各种架构的自动负载测试，能预测系统行为并评估系统性能。LoadRunner 的免费版本仅支持 50 个并发用户，这对于自学确实够用了，但对于工程应用远远不够。下面将通过建立模拟性能测试场景来对比 Locust 和 LoadRunner。

1. 场景设置

按照表 3-1 所示的性能测试场景，分别进行 LoadRunner 和 Locust 的场景设置。

表 3-1　性能测试场景

SUT（被测系统）	部署到局域网的 Web 服务系统
测试接口	首页的 GET 请求接口
并发用户数	200
压力持续时间	5 分钟
压力启动阶段	每秒启动 50 个并发用户
等待时间	忽略
每次迭代的执行间隔	无间隔
压力取消后	停止所有访问，全部进入结束流程，没有逐渐退出的设置

图 3-2 显示了 LoadRunner 的场景设置。

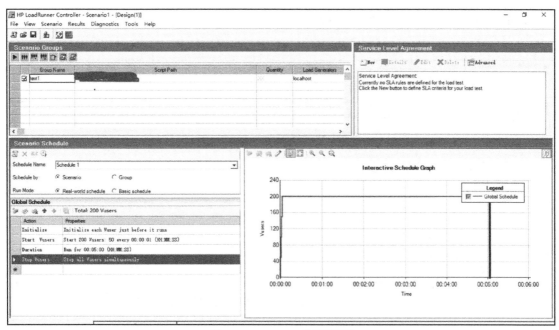

图 3-2　LoadRunner 的场景设置

Locust 的场景设置方法及对应的参数如代码清单 3-1 所示。

代码清单 3-1

```
locust -f test_get.py --host=http://www.XXXXXXX.com --no-web -u 200 -r 50 -t 5m
```

参数的作用如下。

❑　--no-web 表示不使用 Web 界面运行测试。

❑　-u 用于设置虚拟用户数。

❑　-r 用于设置每秒启动的虚拟用户数。

❑　-t 用于设置运行时间。

❑　--host 用于指定被测应用的 URL。

2.　结果对比

LoadRunner 中的测试结果如图 3-3 所示。

图 3-3　LoadRunner 中的测试结果

从测试结果可以看出，LoadRunner 共运行 5 分 32 秒，发送请求 26 599 次，最短响应时间为 0.024s，平均响应时间为 0.36s，最长响应时间为 18.05s，90 分位数为 0.287s，无访问失败的情况发生。

Locust 中的测试结果如图 3-4 所示。

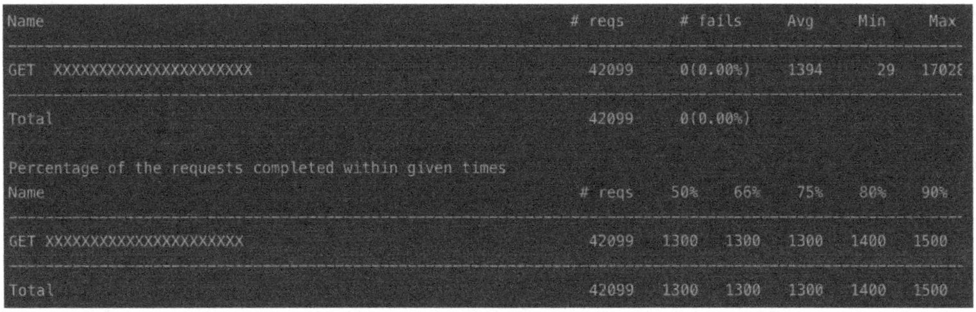

图 3-4　Locust 中的测试结果

从测试结果可以看出，Locust 发送请求 42 099 次，最短响应时间为 29ms，最长响应时间为 17 028ms，平均响应时间为 1394ms，90 分位数为 1500ms，无访问失败的情况发生。

3. 对比分析

表 3-2 对 LoadRunner 和 Locust 的测试结果做了对比分析。

表 3-2　对比分析 LoadRunner 和 Locust 的测试结果

测试项	LoadRunner	Locust
最短响应时间/ms	24	29
最长响应时间/ms	18 050	17 028
平均响应时间/ms	360	1394
90 分位数/ms	287	1500
发送请求数	26 599	42 099

从表 3-2 可以看出，LoadRunner 与 Locust 的最长响应时间和最短响应时间差不多，但是 Locust 发送请求的效率比 LoadRunner 高，这会导致更多的请求要在服务器端进行处理。LoadRunner 的平均响应时间短于 Locust，并且 90 分位数也小于 Locust，原因可能是 Locust 发送请求的速度更快，单位时间内发送的请求更多，这会导致要在服务器端处理的请求增多，响应时间受到影响。但是，性能测试无论使用哪种工具，得到的都是相对结果，因此只需要保证在测试及优化过程中使用相同的工具和网络环境进行测试，就可以达到性能测试和优化原始工作流程的预期。

3.1.3　使用 Locust 完成性能测试

上面讲了这么多 Locust 的优点，那么如何开始使用 Locust 呢？首先要保证个人计算机上已安装 3.x 系列的某个 Python 版本并且已经配置好，然后通过代码清单 3-2 所示的命令安装 Locust。

代码清单 3-2

```
pip install  locust
```

Locust 提供了很多开源的依赖库，下面看看具体都有哪些。从网站下载 Locust 的代码，将代码复制到本地后，打开 setup.py 文件，其内容如代码清单 3-3 所示。

代码清单 3-3

```
install_requires=["gevent>=1.2.2", "flask>=0.10.1", "requests>=2.9.1",
"msgpack>=0.4.2", "six>=1.10.0", "pyzmq>=16.0.2"],
```

Locust 使用了以下开源的依赖库。

❑　Gevent：一个基于协程的 Python 网络库，其本身是对 greenlet 的高级封装，greenlet 则封装了 libevent 事件循环的高层并发 API。Locust 利用 Gevent 实现了协程机制。

❑　Flask：一个使用 Python 编写的轻量级 Web 应用框架。Locust 利用 Flask 实现了 UI 的控制台设置。

❑　requests：Locust 使用 requests 库实现了对 HTTP 的封装。

❑　msgpack：一种快速、紧凑的二进制序列化格式，适用于类似于 JSON 格式的数据。

❑　six：用于提供一些简单的工具来封装 Python 2 和 Python 3 之间的差异性。

❑　Pyzmq：用来支持 Locust 的分布式运行。

Locust 的优势这么明显，那么如何开始使用 Locust 进行性能测试呢？Locust 是纯 Python 驱动的性能测试框架，因此只要使用 Python 完成接口测试脚本的编写，就可以快速将接口测试脚本转换成 Locust 支持的性能测试脚本并完成性能测试工作了。下面以访问 Battle 系统的首页为例，建立 Locust 性能测试脚本，如代码清单 3-4 所示。

代码清单 3-4

```python
1   #!/usr/bin/env python
2   # -*- coding: utf-8 -*-
3   '''
4   @File    :   index_stress.py
5   @Time    :   2021/10/20 17:28:18
6   @Author  :   CrissChan
7   @Version :   1.0
8   @Site    :   https://blog.csdn.net/crisschan
9   @Desc    :   locust  script
10  '''
11
12  #导入 Locust 的 HttpUser、TaskSet 和 task 类
13  from locust import HttpUser, TaskSet, task
14
15  #定义用户行为（也就是测试用例）
16  class IndexTask(TaskSet):
17      '''
18      虚拟用户的行为
19      '''
20      @task(100)
21      def index(self):
22          self.client.get('/')        #访问 Battle 系统的首页
23
24  #设置测试场景
25  class WebSiteUser(HttpUser):
26      tasks = [IndexTask]
27      min_wait = 1                    #每个请求的最短等待时间
28      max_wait = 5                    #每个请求的最长等待时间
29      host = 'http://127.0.0.1:12356'
```

在上述代码中，IndexTask 类继承自 TaskSet 类，主要用来描述虚拟用户的行为，里面包含不同任务对应的不同测试用例。index()方法表示测试用例，可通过@task 装饰器将其描述成任务。在测试用例中，通过 client.get()方法完成 HTTP 下 GET 请求的访问，传入的参数是相对路

径。测试脚本访问的是 Battle 系统的首页，因此这里传入的参数是"'/'"。WebSiteUser 类用于设置测试场景。该类的成员如下。

❑　tasks：指向定义的用户行为类。

❑　min_wait：执行事务之间用户等待时间的下限（单位是毫秒）。

❑　max_wait：执行事务之间用户等待时间的上限（单位是毫秒）。

❑　host：指定要访问的根网址。

Locust 提供了两种启动性能场景的方法。第一种是通过 Web UI 启动性能场景。首先通过 Flask 启动一个 Web 程序，然后通过 UI 设置启动测试。输入代码清单 3-5 所示的启动命令（可在命令行窗口中输入）。

代码清单 3-5

```
locust -f .\index_stress.py --host=http://127.0.0.1:12356
```

其中两个选项的作用如下。

❑　-f 用于指定测试脚本。

❑　--host 用于指定被测应用的 URL。

输入启动命令后，若出现以下信息，则表示启动成功。

```
[2019-08-20 11:11:15,039] ChanCrissdeMacBook-Pro.local/INFO/locust.main:
Starting web monitor at *:8089
[2019-08-20 11:11:15,040] ChanCrissdeMacBook-Pro.local/INFO/locust.main:
Starting Locust 0.11.0
```

在浏览器中输入 http://127.0.0.1:8089，访问 Locust 的场景设置 UI。图 3-5 显示了当前场景下所要测试的 URL。

图 3-5 中部分选项的含义如下。

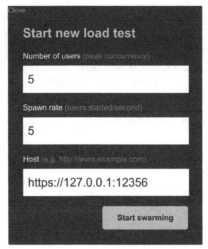

图 3-5　Locust 场景的设置

❏　Number of users（peak concurrency）：想要模拟的用户数。

❏　Spawn rate（users started/second）：　每秒启动的虚拟用户数。

单击 Start swarming 按钮，即可进入图 3-6 所示的运行界面，然后就可以开始测试了。

图 3-6　Locust 中的运行界面

在性能测试过程中，运行界面的顶部除显示 Locust 的 Logo 之外，还显示被测系统的根地址、虚拟用户的运行状态、RPS（每秒请求数）和实时的失败率。右上角的两个按钮分别用于停止测试和重置统计数据，如图 3-7 所示。

图 3-7　运行界面中右上角的两个按钮

我们既可以查看当前所有虚拟用户的运行状态，也可以通过单击虚拟用户运行状态下方的 Edit 来实时修改虚拟用户的数量及每秒启动的虚拟用户数。要停止测试，单击 STOP 按钮。若单击 Reset Stats 按钮，则会重置下方实时显示的列表，如图 3-8 所示。

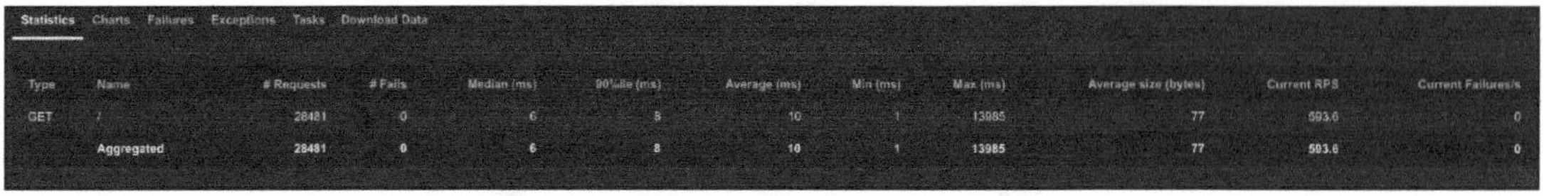
Statistics Charts Failures Exceptions Tasks Download Data

Type	Name	# Requests	# Fails	Median (ms)	90%ile (ms)	Average (ms)	Min (ms)	Max (ms)	Average size (bytes)	Current RPS	Current Failures/s
GET	/	28481	0	6	8	10	1	13985	77	593.6	0
	Aggregated	28481	0	6	8	10	1	13985	77	593.6	0

图 3-8 实时显示的列表

在图 3-8 所示的列表中，部分字段的含义如下。

- Type：请求的类型，如 GET 或 POST。
- Name：请求的路径（主要相对于主机而言）。
- # Requests：当前请求的数量。
- # Fails：当前请求失败的数量。
- Median（ms）：中间值，单位是毫秒。通常情况下，50%的服务器响应时间短于中间值，而剩下 50%的服务器响应时间长于中间值。
- Average（ms）：平均值，单位是毫秒，表示所有请求的平均响应时间。
- Min（ms）：请求的最短服务器响应时间，单位是毫秒。
- Max（ms）：请求的最长服务器响应时间，单位是毫秒。
- Average size（bytes）：平均请求的大小，单位是字节。
- Current RPS：当前的每秒请求数。
- Current Failures/s：当前的请求失败数。

Charts 标签页显示了各种实时统计的曲线，如图 3-9 所示。每次刷新后，历史数据并不会保留，而根据实时数据重新绘制不同的曲线，涵盖的信息包括每秒请求数、响应时间（如响应时间的中位数和 95 分位数）与虚拟用户数。

Failures 标签页显示了在测试过程中出现的所有错误和失败数据的统计信息。Exceptions 标签页实时显示了抛出的异常。Tasks 标签页显示了性能测试过程中任务的全部信息。通过

Download Data 标签页，下载收集的数据，包括请求数据、响应数据及使用脚本捕获的异常等。

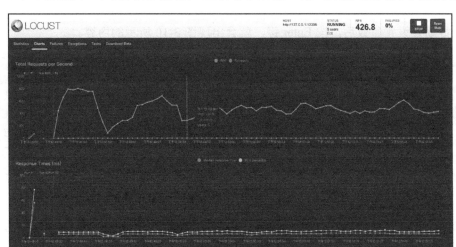

图 3-9　实时统计曲线

除上述 UI 交互的场景设置和运行方式之外，Locust 还提供了一种无 UI 的性能场景启动方式，通过这种方式我们可以实现 Locust 与 CI 的无缝衔接。无 UI 的场景设置是通过命令完成的，如代码清单 3-6 所示。

代码清单 3-6

```
locust -f load_test.py --host=https://www.imooc.com/ --headless -u 5 -r 5
--run-time 1h30m
```

选项的作用如下。

❑　-f：用于指定测试脚本。

❑　--host：用于指定被测应用的 URL。

❑　--headless：表示使用无 UI 启动方式。

❑　-u：等同于 UI 启动方式下的 Number of users（peak concurrency），用于设置想要模拟的用户数。

❑　-r：等同于 UI 启动方式下的 Spawn rate（users started/second），用于设置每秒启动的虚拟用户数。

❑ --run-time：用于设置测试运行的时长，也就是 LoadRunner 中的压力持续时间。

配置好场景设置参数后，按 Enter 键，就会出现图 3-10 所示的内容。

图 3-10 无 UI 的控制台中的内容

每秒都会有一张实时快照输出到控制台，所有测试都执行完之后，控制台将会显示整体的测试结果，如图 3-11 所示。

Name	# reqs	# fails		Avg	Min	Max	Median		req/s	failures/s
GET /	146031	0(0.00%)		10	1	13547	5		487.21	0.00
Aggregated	146031	0(0.00%)		10	1	13547	5		487.21	0.00

```
Response time percentiles (approximated)
Type   Name      50%  66%  75%  80%  90%  95%  98%   99% 99.9% 99.99%  100% # reqs
----|--|---------|----|----|----|----|----|----|----|-----|-----|------|------|------
GET    /          5    5    5    6    7    8    9    11   480  13000 14000 146031
----|--|---------|----|----|----|----|----|----|----|-----|-----|------|------|------
None   Aggregated 5    5    5    6    7    8    9    11   480  13000 14000 146031
```

图 3-11 整体的测试结果

这里会显示和 UI 启动方式下一样的结果，不仅会统计 50 分位数、66 分位数、75 分位数、80 分位数、90 分位数、95 分位数、98 分位数、99 分位数、99.9 分位数、99.99 分位数和 100 分位数的响应时间，还会显示一共发出多少个请求。部分分位数的含义如表 3-3 所示。

表 3-3 部分分位数的含义

分位数	含义
50 分位数（中位数）	表示有 50%的数据小于这个值，反映中等水平
75 分位数	表示有 75%的数据小于这个值，反映较高端水平
90 分位数	表示有 90%的数据小于这个值，反映高端水平
100 分位数	表示最大值

虽然 Locust 支持 UI 和无 UI 两种模式，但 Locust 提供的部分参数却不完全支持这两种模式。例如，有些参数只对 UI 模式起作用，而有些参数只对无 UI 模式起作用。

只对 UI 模式起作用的参数包括用于指定 UI 控制台访问地址的--web-host，以及用于指定
UI 控制台访问端口的-P、--web-port 等，这些参数严格区分大小写，如代码清单 3-7 所示。

代码清单 3-7

```
locust -f index_stress.py --host=http://127.0.0.1:12356 --web-port=8888
--web-host=192.168.1.2
```

按 Enter 键启动成功后，便可通过在浏览器中输入 192.168.1.2:8888 访问控制台。

只对无 UI 模式起作用的参数包括用于设置并发用户数的-u、用于设置每秒启动人数的-r，
以及用于设置测试运行时间的--run-time（时间单位 m 表示分钟，h 表示小时，s 表示秒），如
代码清单 3-8 所示。

代码清单 3-8

```
locust -f load_test.py --host=https://www.imooc.com/ --headless -u 5  -r 5
--run-time 1h30m
```

无论是对 UI 模式还是无 UI 模式，都起作用的参数如下。

❑ 用于保存测试结果的参数--csv，最终的测试结果都会自动保存到指定的 CSV 文件中，
读者可以从当前目录下或指定的其他目录下查看。

❑ 用于设置日志级别的参数--loglevel，日志级别包括 DEBUG、INFO、WARNING、
ERROR 和 CRITICAL，默认的日志级别是 INFO。

❑ 用于设置日志文件路径的参数--logfile，如果不进行设置，Locust 默认会将日志输出
到交互窗口中。

注意，在 DEBUG 日志级别下，Locust 将会输出大量的信息，通常只有出现问题后才会使
用 DEBUG 日志级别；在 INFO 日志级别下，一切都将按预期进行，输出的信息要比 DEBUG
日志级别稍微少一些；在 WARNING 日志级别下，只有当一些意想不到的事情发生时才会输
出信息；在 ERROR 日志级别下，只有当发生错误且未能使用一些预期的功能时才会输出信息；
在 CRITICAL 日志级别下，仅当发生严重的错误且无法运行时才会输出信息。

Locust 支持分布式架构，可通过 master 和 slave 方式完成性能测试。其中，master 配置如代码清单 3-9 所示。

代码清单 3-9

```
locust -f index_stress.py --host= http://127.0.0.1:12356
--master --master-bind-host=192.168.1.134 --master-bind-port=5557
```

部分选项的作用如下。

❑　--master 用于以主服务模式启动 Locust。

❑　--master-bind-host 用于为主服务指定 IP 地址（可选，默认为 127.0.0.1）。

❑　--master-bind-port 用于为主服务设置固定的端口（可选，默认为端口 5557）。Locust 在启动后会使用两个端口：一个是设置的端口，另一个是对设置的端口号加 1 的端口。因此，如果设置的是端口 5557，那么 Locust 将使用端口 5557 和端口 5558。

对应的 slave 配置如代码清单 3-10 所示。

代码清单 3-10

```
Locust -f load_stress.py --slave --master-host=192.168.1.134 --master-port=5557
```

部分选项的作用如下。

❑　--slave 用于以从服务模式启动 Locust。

❑　--master-host 用于为从服务指定主服务的 IP 地址。

❑　--master-port 用于为从服务指定主服务的端口。

先启动主节点，再启动从节点。从节点启动后，主节点将返回代码清单 3-11 所示的信息。

代码清单 3-11

```
Client '86758afc55ff41f996c5e3e4d6321c19' reported as ready. Currently 1 client ready
to swarm.
```

分布式启动的 UI 控制台如图 3-12 所示。

Locust 是开源项目，其源代码可从 GitHub 仓库下载。

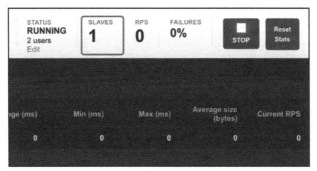

图 3-12　分布式启动的 UI 控制台

Locust 的关键代码如代码清单 3-12 所示。

代码清单 3-12

```
1    //使用不带参数的neutron命令进入控制台
2    #!/usr/bin/env python
3    # -*- coding: utf-8 -*-
4    '''
5    @File    :   index_stress.py
6    @Time    :   2021/10/20 17:28:18
7    @Author  :   CrissChan
8    @Version :   1.0
9    @Site    :   https://blog.csdn.net/crisschan
10   @Desc    :   locust  script
11   '''
12
13   #导入Locust的HttpUser、TaskSet和task类
14   from locust import HttpUser, TaskSet, task
15
16   #定义用户行为（也就是测试用例）
17   class IndexTask(TaskSet):
18       '''
19       the VUser' behavior
20       '''
21       @task(100)
22       def index(self):
```

```
23          self.client.get('/')# 访问首页
24
25   #设置测试场景
26   class WebsiteUser(HttpUser):
27       tasks = [IndexTask]              #将测试用例添加到测试套件中
28       min_wait = 1                     #设置每个请求的最短等待时间
29       max_wait = 5                     #设置每个请求的最长等待时间
30       host = 'http://127.0.0.1:12356'
31       weight=1   #设置每一个 HttpUser 场景运行时的权重，权重越大，场景执行的概率越大
32
33   #设置测试场景
34   class WebsiteAdmin(HttpUser):
35       tasks = [IndexTask]              #将测试用例添加到测试套件中
36       min_wait = 1                     #设置每个请求的最短等待时间
37       max_wait = 5                     #设置每个请求的最长等待时间
38       host = 'http://127.0.0.1:12356'
39       weight=2      #设置每一个 HttpUser 场景运行时的权重，权重越大，场景执行的概率越大
```

从上述代码可以看出，所有的测试场景都继承自 HttpUser 类，每一个测试场景都是 HttpUser 类的子类。在 HttpUser 类的子类中，通过 tasks 调用对应的测试用例，这可以看成一种 PO（PageObject）模式，TaskSet 则对应 PO 模式下 PageObject 类的子类，HttpUser 对应测试用例类。min_wait 和 max_wait 分别表示在执行两个任务期间等待时间的下限和上限（单位为毫秒）。weight 用于设置每一个 HttpUser 场景运行时的权重，权重越大，场景执行的概率越大。TaskSet 是任务的集合，每次执行场景时，Locust 都会先从 TaskSet 中随机挑选一个任务并执行，可以通过在@task 后指定权重，设置哪个测试用例执行的概率更大，然后等待由 min_wait 或 max_wait 指定的一段时间，再从 TaskSet 中挑选其他任务继续并执行。@task 会按照权重执行对应的测试用例，如果希望顺序执行所有的测试用例，那么需要让测试用例类继承自 SequentialTaskSet 类，如代码清单 3-13 所示。

代码清单 3-13

```
1    #定义用户行为（也就是测试用例）
2    class IndexTask(SequentialTaskSet):
3        '''
4        the VUser' behavior
```

```
5          '''
6          @task
7          def index(self):
8              self.client.get('/')#访问首页
9
10         @task
11         def index1(self):
12             self.client.get('/')#访问首页
```

在上述代码中，即使在@task后指定了权重，所有的测试用例也会按顺序执行。

在使用 JMeter 或 LoadRunner 时，经常使用参数化功能。参数化功能及一些参数策略能使测试工程师设计的测试用例更加贴合实际。另外，使用检查点来验证每次访问的正确性。Locust主要通过断言来完成检查点的设置。断言用于检查测试中得到的响应数据等是否符合预期，断言可看成异常处理的一种高级形式，是一种布尔表达式。测试中常用的检查点机制在 Python中已得到很好的支持。

Locust 提供的 ResponseContextManager 类继承自 Response 类，主要起传递和管理上下文的作用。与父类 Response 相比，ResponseContextManager 类新增加了 success()和 failure()两个方法。使用 ResponseContextManager 类手动将 HTTP 请求标记为成功或失败的，如代码清单 3-14 所示。

代码清单 3-14

```
1    #导入 Locust 的 HttpUser、TaskSet 和 task 类
2    from locust import HttpUser, TaskSet, task
3
4    #定义用户行为（也就是测试用例）
5    class IndexTask(TaskSet):
6        '''
7        the VUser' behavior
8        '''
9        @task(100)
10       def index(self):
11           #访问首页，可通过 catch_response = True 将请求标记为失败的
12           with self.client.get('/', catch_response=True) as response:
13               #如果 HTTP 状态码是 404，就报告此次请求失败
14               if response.staus_code == 404:
```

```
15                         response.faile('index is error')
16
17    #设置测试场景
18    class WebsiteUser(HttpUser):
19        tasks = [IndexTask]        #将测试用例添加到测试套件中
20        min_wait = 1               #设置每个请求的最短等待时间
21        max_wait = 5               #设置每个请求的最长等待时间
22        host = 'http://127.0.0.1:12356'
23        weight=1    #设置每一个 HttpUser 场景运行时的权重，权重越大，场景执行的概率越大
```

在压力测试过程中，当断言失败且没有找到预期内容时，在 UI 模式下，控制台的 Failures 标签页中将出现图 3-13 所示的错误信息。

图 3-13　输出的错误信息

除利用断言设置检查点之外，参数化也是性能测试人员必须掌握的技能。Locust 是纯 Python 驱动的性能测试框架，这让 Locust 有了无限可能，任何代码逻辑能处理的事情也都可以使用 Locust 处理。下面以访问百度搜索引擎并提供不同的搜索关键字为例进行讲解，如代码清单 3-15 所示。

代码清单 3-15

```
1    #导入 Locust 的 HttpUser、TaskSet 和 task 类
2    from locust import HttpUser, TaskSet, task
3    from random import randint
4
5    #定义用户行为（也就是测试用例）
6    class BaiDuSearch(TaskSet):
7        '''
8        the VUser' behavior
9        '''
10
11       @task
12       def baidu_search(self):
13
14
15           keyword=['接口测试','UI 测试']     #定义搜索关键字
```

```
16
17          param_index = randint(0,1)          #生成一个介于 0 和 1 的随机值
18          search_uri = '/s?wd='+keyword[param_index]      #拼接 URL
19          # 进行访问搜索
20          with self.client.get(search_uri, catch_response=True) as response:
21              if response.status_code == 200:   #如果返回的 HTTP 状态码是 200
22                  print(response.content)         #就输出返回的内容
23                  response.success()              #标记访问成功
24              else:
25                  response.faile('search is error! ')      #否则标记访问失败
26  #设置测试场景
27  class SearUser(HttpUser):
28      tasks = [BaiDuSearch]
29      min_wait = 1000
30      max_wait = 3000
31      host = "https://www.baidu.com"
```

执行测试场景后，在 UI 部分输入并发用户数和每秒启动人数，便可展示图 3-14 所示的实时结果。

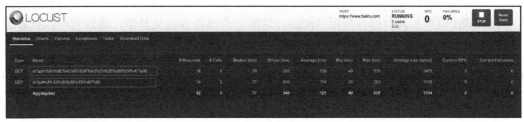

图 3-14　实时结果

可以看到，虽然只有一个 URL，但是出现了两种结果，这说明参数化起到了作用。可以发现使用 Locust 进行性能测试非常简单。其实不用纠结，性能测试过程中，工具仅仅是模拟多并发的发生器，任选一个并开始学习即可。在性能测试过程中，并发工具只是一个开始，离完成性能测试还很遥远。现在很多大公司开始推行性能工程，这是因为性能不是靠哪一个性能测试工具随随便便测试几次就可以的，这些远远不够。

3.1.4　监控工具和结果分享分析

质量特性中性能效率是性能测试的主要保障特性之一，在性能效率特性下的子特性包含时

间特性、资源利用特性等。用性能测试可以验证并发性。怎么验证时间特性、资源利用特性等质量特性呢？性能测试需要以一整套测试工具作为测试实施的基础，这里包含了性能测试工具、服务器资源监控工具、JVM 监控工具及 MySQL 监控工具等，如图 3-15 所示。

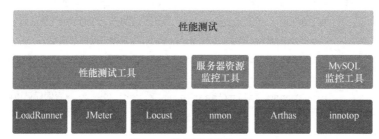

图 3-15　性能测试监控工具

部分性能测试工具已经介绍过了，这里就不再重复介绍了。在服务器资源监控工具中，推荐选择 nmon，nmon 是一款小巧的 Linux 服务器资源监控工具，部署方便且容易使用。最重要的一点是，nmon 对服务器资源的影响较小，兼具测试工具需要的历史数据留痕、监控结果可导出等特性。因此，作为性能测试入门级工具，nmon 是一个不错的选择（nmon 的使用可以参考附录 E）。

关于 JVM 监控工具，推荐使用 Arthas，这款工具部署方便且易学，通过它可以查看 JAR 包的加载链路、定位应用的热点以及监控 JVM 的实时运行状态。关于 MySQL 监控工具，推荐使用 innotop。这是一款入门级的数据库性能检控工具，小巧、方便部署、容易掌握，通过 innotop 能够监控数据库的事务、锁状态、当前查询状态等对性能测试过程非常有用的信息。

在性能测试过程中，并非使用性能性能测试工具运行一次测试，通过并发的方式完成一次或一段时间的访问，然后查看服务器资源指标、数据库指标都没有超过预期阈值就可结束了，这还不能算完整的性能测试。

在性能测试过程中，选择哪一款性能测试工具或哪几款监控工具只是第一步。测试人员不仅要能够通过性能测试工具开始按照预定的业务逻辑对被测系统进行访问，还要监控服务器资源特性和数据库资源特性，当发现问题时使用 JVM 监控工具分析原因并找出问题，这些是性能测试的关键。所以性能测试结果分析是一个需要不断提升的技能。提升方法如下。

如果性能测试过程中一切正常，那么在预定的并发访问下，要分析服务响应时间、服务器资源利用率是否有改善空间，从而判断系统是否过度设计了。也就是说，判断是否利用了过多的服务器资源，从而浪费了成本，这并非吹毛求疵，而是站在团队、公司的角度审视系统。

如果系统在预定并发下并没达到性能要求，那么在查找问题时一定不要立刻添加机器，建议从压力机开始分析问题，先从压力机的资源利用率分析是否压力机自身压力过大，然后分析从压力机到被测服务入口之间的网络是不是产生性能问题的瓶颈，接着分析应用服务器，最后分析数据服务器，但是这是指在没有明显问题定位的前提下分析问题的方法。如果性能不达标问题明显指向复杂数据库查询，那么直接解决对应问题即可。

性能测试多数时候是测试工程师工作中有难度的事情。主要原因就是性能测试相对实施次数较少，学习后很难用实际场景来训练已经掌握的技能，即使有性能测试的工作内容，也不一定可以用上那些问题分析方法。

3.1.5 性能测试实践方案

当测试工程师接到一个系统需要性能测试的需求时，一般情况下需求描述只有一句话，很少会有具体可供利用的信息，如系统要承载的并发用户数、系统支持的 TPS 等。而要开始性能测试，需要的输入却远远多于这些信息。在开始性能测试之前，需要的相关信息主要分为三大类——业务类、指标类及环境类。

1. 开始前需要收集的数据

1）业务类

对于性能测试而言，测试工程师的重中之重就是要识别被测业务是不是一个有并发访问行为的业务，被测系统中是否有类似于并发行为的业务逻辑，以及业务流程中是否有并发访问行为。

为什么要先识别是否存在并发访问业务呢？这是因为在测试工程师的眼中，并发访问就是有瞬时增长的访问业务，但是在很多业务人员眼中，并发访问指的是系统访问人数众多。如果被测系统中受众用户数量多，而不存在并发访问行为，那么在性能测试过程中就可以同步减少用户数量，增加访问时长和多种业务逻辑，模拟系统长期被多人使用的场景，重点查看系统中是否存在资源被占用但不释放的情况。如果存在并发业务流程，那么就需要详细考查并发业务逻辑，同时预估并发的用户数量。

用户数估算是目前性能测试中的一个难题，虽然有类似于泊松分布、二八原则等众多模型与算法可以使用，但是目前这些模型不是理论计算，就是前置条件太过于理想，很难完全与实际工作中遇见的业务模型相一致，也就很难用到实际工程中。因此在进行性能测试并发数估算时不要唯并发用户数论，能够估算出来固然是一件好事，估算出不来也没关系，后续可以通过其他指标来补充并发用户数的缺失。

在这一部分，测试工程师还有一个重要工作，就是要甄别性能测试需求是不是一个真性能需求。这是因为现今很多人为了避责，无论是否有并发访问行为的业务都让测试工程师进行性能测试，测试工程师有责任拒绝不是并发访问业务逻辑的性能测试需求。这并不是对工作的推诿，而是因为性能测试是一项高投入的测试工作，需要投入大量的硬件资源，无论开发工程师、测试工程师还是运维工程师都要为性能测试做大量的准备工作。如果测试的业务不是有并发访问行为的业务，就会对公司资源造成极大的浪费。因此测试工程师要审视测试的业务是不是一个并发访问业务，以避免资源浪费。

2）指标类

性能测试的指标类包含并发访问量、响应时间、TPS（Transactions Per Second，每秒事务数）、服务器资源利用率等。这些指标是测试工程师事先和产品经理、开发工程师沟通协商的结果。抛开并发访问量，响应时间普遍的 2s、5s、8s 的设计可以指导很多指标的确定，但这只是一种经验值，也要与具体业务逻辑相结合，在此基础上确定一个可以满足用户需求的响应时间指标。

TPS 是一个常用指标，但是直接以它为标准估计会让合作增加一个级别的难度，因此一般并不指定该指标要满足的具体要求，而是在测试过程中收集该指标，从而评价系统的性能。这里的事务可以是一个页面，也可以是一个操作，因此每个公司、每个团队乃至每个测试工程师对 TPS 的理解都可能存在一些差异。在内部使用 TPS 时，建议约束好事务的范围。

对于服务器资源利用率，一般会定义一条红线，超过红线后性能测试终止。这是为了防止被测系统因为压力过载而出现一些非预知问题。性能测试的重点是测试出系统的水位，而不是找出系统压力过大后的异常表现。当然，如果只需要验证该类表现，也可以进行一些类似的压力模拟。常规服务器资源特性定义 CPU 利用率为 85%，可用内存占全部内存的 85%等，但是这些都是团队内部协商的结果，并非由测试工程师个人决定。

3）环境类

众所周知，一个系统的性能表现既与它的代码实现有关，也和它的部署环节有关。这里所说的部署环节既包含服务器资源也包含基础服务。如果要开始性能测试，测试工程师需要完全了解性能测试环境，这里面既包含被测服务的部署拓扑，也包含服务器的账号和密码，同时还需要知道压力机和服务器之间的网络带宽。在性能测试开始之前，要将所有需要的工具都部署完毕，并验证可用性。

性能测试推荐在实际对外提供服务的对等环境下完成，这是因为性能测试结果与进行性能测试的环境强相关。如果在一套服务器配置、网络环境、基础软件和生产环境都不一致的测试环境下完成性能测试，那么并不能通过同步放大测试结果估算生产环境能够提供的性能。

2. 性能测试的执行

在前面的工作完成后，我们就可以开始性能测试了。如果这时已知系统的预计并发量，就用产品或者业务提供的并发进行测试，看看系统是否满足预定要求。如果不满足，测试工程师就需要和开发工程师一起，利用前面介绍的服务器监控工具、JVM 监控工具及 MySQL 监控工具分析系统瓶颈。这里有如下系统瓶颈修改原则。

当存在多个优化方案时，每优化一个技术点，就要做一次性能场景的回归测试，而非将所有怀疑的问题都修复完成后再做性能回归，否则无法评估哪一项修改解决了对应的性能问题。

但是大多数情况下，没有人能给出一个完全可靠的并发量。所以本书推荐使用计算单元性能评估方法来完成性能测试。那么什么是计算单元呢？假设服务 A 对外提供服务，需要门户，以及服务 A1、服务 A2，那么通过不断地执行性能测试来发现一个计算单元包括一个门户、两个服务 A1、4 个服务 A2 能够达到最优的性能配比，如图 3-16 所示。

这就是一个计算单元，这个组合刚好在有 100 个并发用户的情况下，满足响应时间、服务器资源的需求，而且所有服务器的资源利用率最高。在系统上线后，若出现并发用户急剧增加的情况，可以同步建立一个计算单元，从而快速按照服务器最优比扩容，这也快速提升了整体技术解决方案的吞吐量。在性能测试输入项不完善的情况下这是最好的一种系统性能评估方法。但是这种方法耗时费力，对项目中性能测试的时间有很高的要求。

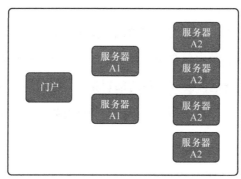

图 3-16　计算单元

3. 性能测试的总结

在完成性能测试后，测试工程师要对性能测试进行总结。除将测试结论以及所有工具的实际数据整理完并写到测试报告中，在结束性能测试之前，还需要为测试业务场景建立本次性能测试和调优后的基准，这样当系统生产环境中访问量剧增的时候，可以促进系统快速扩容。作为一名合格的测试工程师，要牢记所有过程数据、过程文档要留痕，尤其测试工具产生的原始数据都要归档。

3.2　全链路压测

相对于全链路压测而言，本书前面介绍的测试应该称作单点单链路性能测试。也就是说，之前讲解的性能测试中，每一个性能测试都是针对某一个业务场景的单链路测试，测试过程的所有并发用户都使用一个业务流入口，而全链路压测会涉及多个核心业务、多个访问入口。

3.2.1　全链路压测的本质

全链路压测是一个解决方案，并不仅仅是一项技术。全链路压测最早是阿里巴巴为了保障类似于"双十一"这样的大型促销活动（简称大促）的稳定性而提出的一种验证手段。为了理解全链路压测，要先细分一下不同性能测试场景中的压力测试方法。

1. 单点单链路压测

单点单链路压测是非常原始、传统的压力测试场景构造方法。假设有对拉勾教育系统进行性能测试的需求，那么测试工程师会先站在用户访问的角度，找出访问量比较大的业务流程，然后为每一个业务设计压力测试场景，并进行测试，如图3-17所示。

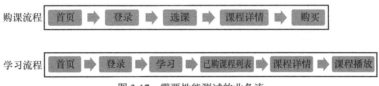

图3-17 需要性能测试的业务流

当接到性能测试任务时，首先会选取访问量较高的两个流程，然后分析访问量，通过访问入口的 Nginx 得到各个流程中访问量的峰值，并使用该峰值进行压力测试。假设购买课程流程的峰值为5000，学习流程的峰值为3000，则设计的压力测试场景分别如图3-18和图3-19所示。

用例编号	用例名称	业务流程描述
CSTX_LA0001	购课流程	(1) 用户访问拉勾教育系统首页 (2) 单击"登录"按钮，选择"账户密码登录"并输入用户名和密码，单击"登录"按钮，进入首页 (3) 单击"选课"页签 (4) 单击"测试体系课"课程，进入课程详情页 (5) 单击"加入学习"按钮
压力测试场景		
参数	设置值	
并发数	5000	
加压方式	全部启动	
迭代间隔	0s	
思考时间	0s	
模拟方式	线程	
网速设置	最大带宽	
浏览器仿真设置	清除缓存	
HTTP请求连接超时时间	120s	
HTTP请求接收超时时间	120s	
步骤超时时间	120s	

图3-18 购课流程的压力测试场景

其中，CSTX_LA0001测试用例中，单击"加入学习"按钮后，线上流程中跳出支付控件页面，而测试环境中直接使用MOCK服务替换掉真实支付环节。从上面的设计中可以看出，每一个业务流程都是通过单一入口、相同的并发量完成课程购买流程与学习流程的性能测试的。

用例编号	用例名称	业务流程描述
CSTX_LA0002	学习流程	(1) 用户访问系统首页 (2) 单击"登录"按钮，选择"账户密码登录"并输入用户名和密码，单击"登录"按钮，进入首页 (3) 单击"学习"页签 (4) 单击更多，进入已购买学习列表页 (5) 单击"测试体系课"课程，进入课程详情页 (6) 单击课程对应章节，进入学习页面

压力测试场景	
参数	设置值
并发数	3000
加压方式	全部启动
迭代间隔	0s
思考时间	0s
模拟方式	线程
网速设置	最大带宽
浏览器仿真设置	清除缓存
HTTP请求连接超时时间	120s
HTTP请求接收超时时间	120s
步骤超时时间	120s

图 3-19　学习业务的压力测试场景

2. 混合场景压测

单点单链路压力测试场景设计是传统性能测试中的主要工作内容，但是除此之外还存在多点单链路压测，只是这里不称多点单链路，而称作混合场景。

还以购课流程为例进行介绍，假设通过链路跟踪对购买课程中 5000 人并发访问的数据做进一步的分析，发现这 5000 人中有 1800 人在访问首页，1200 人完成了登录，1000 人在选课页面浏览课程列表，800 人在访问课程详情页，200 人完成了购买。性能测试的混合场景压测按此比例进行设计并测试即可，如图 3-20 所示。

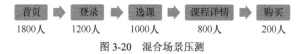

图 3-20　混合场景压测

3.2.2　全链路压测是技术驱动的测试

上面讲的两种方法都无法满足电商在大促时段的并发访问模型。在电商大促开始的时刻，大量流量会涌入系统，要验证系统是否能够承受住如此大的访问流量，需要对系统的全部服务层、数据层、缓存、消息队列、中间件等做整体验证。在大流量的突发性访问之下，任何一个环节的薄弱点都可能成为压死骆驼的最后一根稻草。这促使了全链路压测的出现，它通过最真实地模拟大促类访问时段的流量访问，验证系统的可靠性。换句话说，全链路压测就是一次大促访问行为的模拟演练。要推行全链路压测，就要先完成内部的技术支持。

要为全链路压测做好准备，就必须完成下面两方面的任务。

❑ 全链路压测平台的准备：要有能够完成压力测试场景的配置、流量的生产、数据的颜色设置、系统风险的预警等功能的技术平台，以按照实际访问业务流和实际场景为系统制造压力。

❑ 系统的改造：全链路压测是在生产环境中进行的，不能让压力测试影响真实用户，所以需要对系统进行技术改造，以完成流量隔离，使系统能够区分是压测的流量还是真实用户的流量。

这些工作主要分为三大部分：一是压测管理，二是隔离，三是风险预警。

1. 压测管理

一般全链路压测是以客户入口为起点的，所以目前全链路压测的流量计算从截获一段时间内实际用户的访问流量开始。

对于线上数据，首先要脱敏。将一段时间内的线上数据脱敏后存储到本地的数据存储服务中，这样当需要要做压测时就对截获的流量进行一些处理。这些处理主要用于为流量添加一些标记，通过这些标记让系统可以快速识别出哪些流量是压测产生的，哪些是真实产生的。

打标的常规做法就是在某一不重要的部分加入一个特别标记，例如，对于 HTTP，一般在访问头信息中加入一个特别标记，这主要借助 HTTP 的自定义头实现。自定义专用消息头可通过"X-"前缀添加，RCF6648 中已不再建议使用自定义头，原因在于未来非标准头字段被标准化时容易引起一些疑惑。

因此，在全链路测试中，我们仍然可以使用自定义头来完成压测流量的标记，这个处理也称作流量颜色。被上色后的流量按照已经设定好的压测场景，通过不同地域、不同机房下发到系统中之后，就完成了压力的改造和测试工作。

2.　隔离

隔离指数据隔离和服务隔离。因为在压测过程中会对生产系统中绝大部分的服务产生访问行为，所以就会有大量的数据要存入数据层中，但是这些测试数据不希望污染生产数据持久化层。因此，要有隔离方法，能够实现数据隔离及某些特殊服务的隔离。

在全链路压测方案中，数据隔离是通过建立影子数据层来实现的。这种影子数据层的建立主要有两种方法：一种是使用独立的数据层服务，另一种是使用打标的数据存储。

独立的数据层服务就是建立一套和生产一模一样的数据层服务。在进行系统技术改造时，在业务层和数据层之间添加一层代理，将有压测标记的业务数据存入影子数据服务中，将没有标记的业务数据存入生产数据服务中，这样就在代理中完成了数据的分流处理。这种方式比较适合数据库、Elasticsearch 等。

针对不同的存储类型，在全链路压测的落地实践中推荐使用不同的影子库搭建方式，例如，数据存储在 MySQL 中，在同一个 MySQL 实例、不同的 Schema 中创建一套和线上相同的库表结构，并且把线上数据导入进来。如果数据存放在 Redis 中，为压测流量产生的数据添加统一的前缀，并存储在同一份存储中。

还有一些数据会存储在 Elasticsearch 中，这部分数据也可以存放在另外一个单独的索引表中。数据打标指将有压测标记的流量数据以统一加上某一个前缀的形式存入与生产数据相同的数据层服务中，以方便区分是压测数据还是生产数据，这种方案比较适合 Redis、HBase 等数据层的服务。

服务隔离这里其实是指 MOCK 服务，MOCK 服务是解耦服务的一种，与很多其他服务统称为测试替身（TestDouble）。

全链路压测中的"全"字的意义并非指整个系统，不能一味地确定那个"全"字的覆盖范围，在现实情况中有很多请求必须使用测试替身服务，否则会对真实用户或系统产生影响。例如，浏览商品并下单、购买时，若不能付费，就必须调用 MOCK 服务完成业务流，而且合作的支付方公司也不会同意直接把压力施加到他们公司的服务上，就算合作方同意，那做一次测试又要花多少费用呢？

需要服务隔离的另一种情况就是访问数据影响结果的功能，例如，功能模块的埋点收集服务，如果全链路压测过程中增加了某些模块的访问次数，而这些模块的访问次数会通过埋点返回分析系统中，那么全链路压测过程中就要利用测试替身服务替换埋点服务，从而避免压测过程为分析服务引入大量的噪声。

还有一种情况就是一次性服务，即系统中有相同主键不能重复处理的流程。例如，对于抽奖系统，如果在全链路压测中使用用户的账号抽完了奖，那么真实用户访问时就没有资格再次参加了，这就影响了真实用户的反馈，所以抽奖服务也要使用测试替身完成对应服务的解耦。

3. 风险预警

全链路压测最后必不可少的是风险预警。全链路压测是在真实生产环境中运行的，虽然测试人员会在系统的低谷期进行测试，但是仍有真实用户在使用系统，所以在实施全链路压测时，一定要有一套完善的监控和预警机制。在测试过程中如果监控指标超过安全水位，应立即报警，以便快速对压测进行调整。

全链路压测最近几年名声大噪，电商平台中的购物节运营策略是针对系统中超大规模的瞬时并发访问制定的。全链路压测是一个由研发人员、测试人员、运维人员群策群力的实践方案，并不是某一个工具、某一个角色能独立完成的。最重要的一点就是并不是每一个业务形态都需要全链路压测，要站在正确的业务视角选择正确的测试技术。

3.3　兼容性测试矩阵

兼容性测试主要对被测系统运行所依赖的各种软硬件进行组合，然后进行主流程或者约定检测流程的功能走查。兼容性测试的重点在测试设计阶段，兼容性测试设计的主要工作是首先统计兼容性测试因素，然后设计兼容矩阵，最后按照兼容性矩阵执行测试，记录缺陷。

3.3.1　获取兼容性测试因素

兼容性测试因素就是被测系统需要支持的终端类型。这里如果被测系统是一个 Web 端的

PC 服务，就需要知道浏览器名称、对应的版本、支持的操作系统等。如果被测系统是一个移动端的服务，那么就需要知道终端支持的操作系统、终端设备品牌和型号等，这些不是由内部会议讨论得出的，而是通过一些必要输入获取到的，具体有以下 3 种途径。

- ❑ 客户的需求：无论是 PC 端系统还是移动端系统，任何一个系统要支持的设备需求都是从最终用户处得到的。因此，兼容性测试因素的一个来源就是需求，产品经理可以和业务方一起收集需求，这也是兼容性测试因素的收集条件之一。这虽然看似合理，但是往往很难得到一个准确的答复。

- ❑ 埋点日志：很多已经上线的系统拥有前端埋点，从埋点日志中获取所有访问被测服务的终端信息，从而整理出访问被测系统的终端的类型。这是获取当前兼容性测试因素的来源之一，如果获取的种类特别多，往往会获取 95% 的终端类型，从而支持绝大部分用户，近似获取 95.45% 的兼容指标。当然，如果系统是全新的，该方式就不起作用。

- ❑ 其他服务：如果系统是全新的，可以通过 StatCounter 网站获取当前占有量，从而得到兼容性测试因素。移动端可以通过搜索类似服务为获取兼容性测试因素提供一些支持。

3.3.2　兼容性矩阵设计

假设兼容性测试因素设计如图 3-21 所示。

浏览器	Chrome 75	Chrome 87	Chrome 97	Firefox 75	Firefox 88	Firefox 92	Edge 92	IE10
操作系统	Windows 7（64位）	Windows10（64位）						
分辨率	1280×720 像素	1440×900 像素	1280×960 像素					

图 3-21　兼容性测试因素设计

依据上面的兼容性测试因素（一个因素对应正交表中的一列），结合正交实验测试用例设计方法，选择依据因素水平（每个因素可取值的个数），这里选择强度（由测试工程师确定）为 2 的正交计算，得到测试用例。

依据图 3-22 中的兼容性矩阵，准备兼容性测试环境，然后开始测试。

	A	B	C
1	操作系统	分辨率	浏览器
2	Windows7（64位）	1280×720像素	Chrome 75
3	Windows7（64位）	1440×900像素	Chrome 86
4	Windows7（64位）	1280×720像素	Chrome 97
5	Windows10（64位）	1280×720像素	Chrome 86
6	Windows10（64位）	1440×900像素	Chrome 75
7	Windows10（64位）	1280×720像素	Firefox 75
8	Windows7（64位）	1280×720像素	Chrome 97
9	Windows10（64位）	1280×720像素	Firefox 75
10	Windows7（64位）	1280×960像素	Firefox 88
11	Windows10（64位）	1280×720像素	Firefox 92
12	Windows7（64位）	1280×720像素	Edge 92
13	Windows10（64位）	1280×720像素	IE 10
14	Windows7（64位）	1440×900像素	Chrome 97
15	Windows10（64位）	1440×900像素	Firefox 75
16	Windows7（64位）	1440×900像素	Firefox 88
17	Windows10（64位）	1440×900像素	Firefox 92
18	Windows7（64位）	1440×900像素	Edge 92
19	Windows10（64位）	1440×900像素	IE 10
20	Windows7（64位）	1920×1440像素	Chrome 75
21	Windows10（64位）	1280×960像素	Chrome 86
22	Windows7（64位）	1280×960像素	Firefox 88
23	Windows10（64位）	1280×960像素	Firefox 92
24	Windows7（64位）	1280×960像素	Edge 92
25	Windows10（64位）	1280×960像素	IE 10

图 3-22　兼容性测试矩阵

3.4　混沌工程和故障演练

混沌工程是近年来新出现的概念，主要用于稳定性方面的研究，英文全称为 chaos engineering，由网飞公司最先提出。因为最开始混沌工程称作 chaos monkey，形容就像有一只猴子在系统中捣乱一样，以至于到现在每次提到混沌工程都会用一只捣乱的猴子来比喻。但是稳定性测试不是网飞独创的，在混沌工程之前，就已经有很多关于稳定性的研究了。随着测试系统的业务逻辑越来越复杂，交付团队也在不断地通过细化测试、增加发布环节及各种流程管控保障系统的稳定性，但是仍然会出现各式各样的故障。混沌工程就是本着提早暴露系统脆弱环节的理念，以提高系统的稳定性为目的而出现的。

3.4.1　从故障制造到混沌工程

系统稳定性是当前任何系统都会面临的首要任务，一个不稳定的系统没有任何一个用户愿意使用。这里说到系统稳定性，就不得不提一下 SLA（Service Level Agreement，服务等级协定）。在 SLA 中常用几个 9 来衡量提供服务的稳定性，9 越多就代表团队提供的服务稳定性越高，故障时间越短。

下面举例说明。如果某团队提供的服务满足 4 个 9，那么一年发生故障的时间可以通过以下方式计算。

$$365 \text{ 天} \times 24 \text{ 小时/天} \times 0.0001 = 0.876 \text{ 小时} = 52.56 \text{ 分钟}$$

当前很多公司的服务要求满足 5 个 9 的要求，这时故障时间的计算方式如下。

$$365 \text{ 天} \times 24 \text{ 小时/天} \times 0.00001 = 0.0876 \text{ 小时} = 5.256 \text{ 分钟}$$

如此苛刻的条件促使团队不断寻求提高系统稳定性的方法，以满足系统稳定性的要求。

为了保证系统的稳定性，测试工程师可谓殚精竭虑，除常规的测试以外，还会通过在测试过程中人为设置一些故障，验证系统的一些可靠性保障机制是否有效。

虽然当时的测试方法没有现在这么自动化、智能化，但是同样会进行故障模拟测试，例如，要验证测试 A 服务的多活部署是否有效，测试工程师会进入机房，把一台服务器的网线拔掉，验证服务是否可以继续对外提供服务。

如果需要模拟 CPU 高负载情况下系统服务的响应，就要登录服务器并编写 C 语言中的死循环，从而让 CPU 满载。为了产生大量的磁盘 I/O，就要通过 dd 命令完成虚拟文件系统的镜像文件创建等破坏性的操作，但是这些操作在现在来看还不能算真正的稳定性测试，只能算故障后服务验证。为什么这么说呢？

因为当用死循环占用服务器的 CPU 资源时，测试工程师已经知道问题就是 CPU 资源被占用，也就是说，测试工程师使用特定的方法验证了系统在可能发生类似故障时的反应。

而混沌工程通过多元化的业务场景建立基于场景的故障，这是一种提高技术架构弹性能力的技术手段，终极目标就是在用户感知到之前将所有故障都消灭。通过主动制造故障，收集系统在各种压力下的行为，识别并修复故障问题，降低技术风险，避免造成严重后果。混沌工程是在分布式系统上进行实验的学科，目的是提高系统抵御生产环境中失控条件的能力。

下面是几个关于混沌工程的输入示例。

❑　模拟云服务机房故障无法访问。

❑　模拟某地数据中心故障无法访问。

❑　生产 Redis 数据丢失。

❑　某类服务响应超时。

❑　强制系统节点间的时间不同步。

❑　在驱动程序中执行模拟 I/O 错误的程序。

❑　让某个 Elasticsearch 集群中 CPU 超负荷。

混沌工程是一门学科，提供了基本的理论指导。而故障演练是混沌工程的具体实践，通过向目标系统注入真实可能发生的故障来考量系统的稳定性。

3.4.2　故障演练的实施要点

混沌工程为稳定性验证实验提供了可实践的指导。如果要将混沌工程落地实践，首先要有一个快速、方便的故障注入工具，然后结合混沌工程的理论进行故障演练，从而提高系统的稳定性。

1．选好混沌工程的工具

"工欲善其事，必先利其器"，选取一个好的混沌工程工具可以让测试工程师事半功倍。用于混沌工程的开源工具有很多，站在团队的角度，要选取平台化工具，作为故障演练的统一入口，需要提供方便、易用的交互方式，以自动完成故障注入。提供多样化、可视化的故障注入自动化平台，作为各种演练和故障测试及验证的统一入口。

故障注入平台能够帮助业务人员发现更多影响业务稳定性的未知问题，验证警告的有效性和完整性，以及业务的故障预案是否有效。这里推荐使用阿里巴巴的开源平台 ChaosBlade。

ChaosBlade 内置的场景非常多,不仅能模拟 CPU 满载、磁盘 I/O 过高等简单故障,还能模拟 Dubbo 调用超时、关闭容器、关闭 pod 等,从而方便制造更多的实验场景。ChaosBlade 不仅方便、易用,还支持自行扩展场景。

2. 建立稳定性指标

既然故障演练是混沌工程的实践,那么所有的演练都要站在混沌工程"建立一个围绕稳定状态行为的假说"的基础之上开始设计。因此,要在开始设计前先定义好故障演练过程中需要监控的指标,这些指标可以正确地反映系统的健康情况,并在出现问题时直接通过指标表现出来,同时明确对应的指标可能造成的结果,帮助触发监控预警,以便快速解决问题。

3. 定好故障类型

故障演练中触发的故障并非随意选取的,而是通过总结系统历史上出现的问题,以及类似系统出现过的问题得出的。比较常用的故障有外部依赖超时访问,Kafka 超时,Kafka 不可用,数据可不可用,CPU 满载,网络中断,服务器宕机,磁盘没空间等。

4. 流程准备

除上述相关准备以外,在开始故障演练前,还要检查流程准备工作是否已经做好。例如,故障决策链是否清晰明确?各种故障是否都有明确的排查和解决方案?每种方案是否都切实可行?

5. 开始演练

开始演练前,通知所有干系人,包括相关业务的开发工程师、业务工程师及基础设施工程师。通知内容包含参与故障演练的服务、故障演练的开始时间、故障演练的结束时间、故障演练对应服务所在的集群环境。同时,建立统一协调的工作组即时聊天群。通过故障注入工具将问题注入系统,观察故障排查和解决的全过程。重点记录的信息如下:

❑　故障是否按照预期修复或者降低影响;

❑　业务指标的变化;

❑ 稳定性指标的变化；

❑ 如果要降级处理，对应降级方案是否生效。

在故障演练过程中，如果超出控制或者原定计划的故障影响范围，要立即终止故障演练，快速恢复系统，同时清理全部故障演练对系统的影响和痕迹。因为故障演练是在真实环境中进行的，除被测业务之外，很多真实用户也在使用该系统，不能为了完成故障演练而引起真实故障。

6. 结束总结

故障演练重点中的重点是恢复故障演练环节，故障演练都是在真实环境中完成的，因此一定要记住恢复全部环境，关闭故障注入工具，恢复降级处理的服务，以保证服务可以恢复到故障演练之前的正常状态。然后再对整个过程做总结，并针对发现的问题制订整改计划。

混沌工程并非混沌初开的意思，而是指将系统搅乱，通过制造问题提高系统的稳定性。混沌工程方兴未艾，但已在很多大型互联网公司落地实践了。很多大型互联网公司开源了自己的混沌工程工具，也公开了自己的故障演练方案，但是故障演练是一项需要详细计划并且由包含测试工程师、开发工程师、运维工程师等角色的推进小组完成的工作，某一个角色"单打独斗"是无法完成的。

3.5 小结

持续测试不仅包含功能测试，还包含非功能测试。这里非功能测试重点保障了可靠性、可用性、可移植性、性能效率等质量特性。绝大部分测试技术是针对制品交付过程的，如全链路压测、混沌工程等覆盖了测试右移中很多很好的实践。这些都是不断促进质量改进、提高质量效能的有效办法。

第 4 章　质量门禁和流水线

　　20 世纪 80 年代，中国南方某省一家生产肥皂的乡镇企业进口了一条自动化包装生产线，结果发现这条生产线有个缺陷，经常会有包装盒中未装入香皂。总不能把空盒子卖给顾客，老板发现这个问题后很生气，让一位工人来解决这个问题。这位工人冥思苦想很久最终想出了一个办法：在生产线旁边放台电风扇并把风速调到最大，空皂盒自然就被吹走了。

　　这个故事说明了一个道理，自动化包装生产线上的产品要有保证质量的方法和手段。持续交付中的流水线类似于自动化包装生产线，质量门禁就是那台风速调到最大的电风扇，越过质量门禁的才是质量得到保证的制品。因此，持续测试的实践方式也是依托持续交付流水线实现的。

4.1　质量门禁

　　质量门禁是伴随着持续集成的发展逐渐推广开来的基于流水线的一个概念。"门禁"一词最早出现于我国南北朝时期北魏郦道元的《水经注·谷水》中："曹子建尝行御街，犯门禁，以此见薄。"意思是说曹子建在出门时由于违反了禁止通行的一些规矩，因此才被轻视。由此可以看出，门禁代指一些规矩。质量门禁规定了流水线上与质量相关的一些规矩，持续集成流水线上常设的质量门禁如图 4-1 所示。

图 4-1　持续集成流水线上常设的质量门禁

4.1.1 开发阶段的质量门禁

最早在流水线上进行的质量活动是静态测试。静态测试指不运行被测程序本身，而通过分析或检查源程序的语法、结构、过程、接口等来验证软件的正确性。在静态测试中，被测对象是与软件相关的有必要进行测试的各种产物，包括需求规约、软件设计说明书、源程序、流程图等。

静态测试可以手动进行，以充分发挥人的思维优势。另外，静态测试不需要特别的条件，容易开展。但是，静态测试对测试人员的要求较高，测试人员至少需要具有编程经验。静态测试涉及的工作主要包括各阶段的评审、代码检查、程序分析、软件质量度量等。

其中，各阶段的评审通常手动完成；代码检查、程序分析、软件质量度量等既可手动完成，也可借助工具完成，但借助工具完成的效果相对要好一些。

代码检查包括代码走查、桌面检查、代码审查等，检查的内容包括代码和设计的一致性、代码的可读性、代码的编写是否遵循编程规范、代码逻辑表达的正确性、代码结构的合理性等。通过对代码进行检查，我们可以发现程序中不安全、不明确或模糊的部分，并找出程序中不可移植的部分。此外，我们还可以通过检查变量、审查命名和类型、审查程序逻辑、检查程序语法和结构来判断程序是否违反编程规范。

从代码检查的定义可以看出，它无须借助任何服务通过代码扫描就可以实现，整个过程按照预先定义好的规则来完成。我们只需要针对不同的编程语言设计好不同的规则，就可以进行代码扫描并完成代码检查任务。如果这些都可以用工具完成，并且无须人工参与，就可以实现完全自动化的代码检查。但这会导致通过代码扫描完成的代码检查只对代码预定规则做了检查，无法保证程序的编写逻辑符合预期设计。

同时，如果预先定义好的规则不合理，那么代码扫描结果的偏差就会很大。由此可以看出，代码扫描既有优点，也存在缺点。如果有好的开放性工具，那么我们也可以通过修订并选取合适的规则来保障质量预期。目前，代码扫描工具并不多，站在平台化、服务化的角度，同时为了兼顾 CI 流水线的需求，建议使用 SonarQube。

在利用 SonarQube 进行静态代码扫描时，质量门禁一般是按照技术债务的级别来决定的。例如，规定阻塞级别的问题数量等于零，严重级别的问题数量等于零。如果项目中长期稳定代码分支的扫描结果大于零，就说明团队的工作不符合要求，需要快速偿还欠下的技术债务。这也可以通过流水线进行设置，如果不符合要求，就终止交付。

开发阶段的另一个质量门禁是单元测试。这里可供参考的质量门禁设置如下：单元测试脚本全部运行成功且行覆盖率达到 60%。

4.1.2　测试阶段的质量门禁

在测试阶段，首先进行的是接口冒烟测试。这里重点选取单接口测试用例，常用质量门禁是单接口测试脚本全部运行成功。在通过接口冒烟测试后，进行接口集成测试，质量门禁是接口测试脚本全部运行成功且所有新增代码行的覆盖率达到 75%（要求覆盖率达到 75% 是因为有些新增代码可能用于捕获异常，或者是为未来的某个业务提前上线准备的预埋逻辑）。

在通过接口集成测试后，进行自动化验收测试。我们需要通过 UI 自动化测试完成端到端的验收测试，常用质量门禁是自动化测试脚本全部运行成功。通过自动化验收测试后，进行的是 E2E 测试，也就是端到端的验收测试或探索测试，该测试通过后，系统就可以部署上线了。常用质量门禁的设置如表 4-1 所示。

表 4-1　常用质量门禁的设置

质量门禁	设置
静态代码扫描	阻塞级别的问题数量为零 严重级别的问题数量为零
单元测试	单元测试脚本全部运行成功且行覆盖率达到 60%
接口冒烟测试	单接口测试脚本全部运行成功
接口集成测试	接口测试脚本全部运行成功且所有新增代码行的覆盖率达到 75%
自动化验收测试	自动化测试脚本全部运行成功
E2E 测试	测试通过

持续测试是伴随持续集成、持续交付和持续部署而产生的。测试工程师在流水线交付过程中，可以通过建立质量门禁保障所交付系统的质量，并通过自动化提升质量效能，从而实现研发效能的提升。前面章节针对接口测试、界面自动化测试做了详细介绍，下面介绍一下质量门禁中其他的技术实践方法。

4.1.3 上线阶段的质量门禁

上线阶段常用质量门禁的设置如表 4-2 所示。

表 4-2　上线阶段常用质量门禁的设置

质量门禁	设置
增量代码覆盖率	90%以上
严重缺陷清零	严重及其以上级别缺陷清零（除非有特别需求）
挂起缺陷比例	单接口测试脚本全部运行成功，挂起缺陷的比例小于 5%

除表 4-2 中的质量门禁之外，还要求性能测试、稳定性测试通过，测试任务全部按照计划执行完，测试计划的实际投入与预期符合，缺陷发现率在提测周期已经收敛。

4.2　代码审查门禁设置

代码审查门禁主要基于采用的代码评审流程要求和工具实现。代码评审流程是约束团队成员的依据，代码评审工具是约束团队成员的手段，这从方法论到实践提供了可行的实践方法。

4.2.1 代码评审方法论

代码评审是一个很好的行为约束方法。

对于开发工程师来说，当他知道其编写的每一行代码都会由另一个人评审时，他必然会更加用心，尽最大的努力写出最好的代码。

对于团队来说，他们可以在代码阅读过程中发现一些问题，这里有可能还无法证明它们就是缺陷，但是这也促使人们更早地发现问题，从而降低修复问题的成本。

对于评审人员来说，代码评审也是一个好的学习机会。在这里既可以学习技术上的优秀实践，也可以学习业务上的代码实现，反过来促进代码评审人员对业务的理解。

对于项目来说，保证至少有两个团队成员理解对应部分的实现代码，这样如果发生人员变动，保证团队成员可以承接和处理对应的代码，不至于陷入无人理解或者无人处理的状况。

代码评审的约束主要针对提交评审和评审两个阶段。其中，提交评审主要约束开发工程师提交变更到代码仓库时，按照 Git 的提交约定将其对应的变更详情写清楚，然后将其放入 Git 的 commit message 中并同变更一起提交。在这里，比较常用的方法就是约定式提交。

约定式提交规范是一种基于提交消息的轻量级约定。它提供了一组用于创建清晰的提交历史的简单规则；这使得编写基于规范的自动化工具变得更容易，我们可以在提交的消息中描述新特性、bug 修复情况和破坏性变更。很多时候，大家会约束 Git 中提交的消息，但是绝大部分情况下约束提交的消息不为空即可。

这是一个很好的工程实践的开始，但是随着时间的推移，我们会发现绝大部分人提交的是无用的消息，例如，修复 bug、添加新功能等，这些看似有用的描述却没有任何价值，并非好的提交。

什么样的提交算一个好的提交呢？

约定式提交规范源自 Angular 团队规范中的 Git Commit Guidelines，后来逐渐演变为 Conventional Commits，其中详细约束了各个提交的格式、关键字标记等。在约定式提交中，首先约束提交的消息的格式（这里介绍的是 Conventional Commits 与团队应用实践相结合后的经验总结，并非完全 Conventional Commits 的内容）。具体如代码清单 4-1 所示。

代码清单 4-1

```
1    <类型关键字>:<简短描述>
2    <详细内容（可选）>
3    <脚注（可选）>
```

类型关键字如表 4-3 所示。

表 4-3 类型关键字

类型关键字	说明
feat	新增功能（脚注中最好写上对应需求的编号）
fix	缺陷修复（脚注中最好写上缺陷编号）
docs	文档变更或者新建
style	样式等类型的变更，这里所指代码格式而非样式等内容
refactor	代码重构
perf	性能优化改进
test	添加测试代码
chore	与构建相关的动作、与依赖相关的动作或者工具自动生成且上述关键字无法标注的其他动作

简短描述类似于本次修改的题目，尽量使用 10 字以内的短语，使用最简单的语句描述本次提交所做的事情。

详细内容可选，既可写可不写，描述为什么修改，做了什么样的修改，以及开发思路、使用的算法和设计模式等。

脚注也是一个可选内容，主要用于设置外部链接，如修改的 bug 编号或者链接，完成的需求编号或者链接，以及一些不再向下兼容的内容等。

这样，代码评审人员通过这样的内容就可以对这次提交评审的变更有一个全面的了解。除此之外，在版本上线后，我们通过获取两次版本之间提交的消息就可以获得这次上线的变更的全部内容了，即获得 ChangeLogs。这样就达到了一种原子性提交的约束结果，即每次提交你只能写一条消息，包含一个主题的内容，这样开发人员就可以保证每次的提交只涉及一件事情，并不是一个变更列表，因为这样无法按照上面的提交约束编写你提交的消息。

当评审人员看到有待评审的变更后,通过提交的消息获取变更的概要信息,然后针对内容进行评审。如果评审通过,那么就同意代码提交或者合并,并注释评审意见;如果评审人有疑义,就与变更人沟通,变更人根据讨论结果或评审意见做出修改,直到与评审人达成一致,通过评审。

4.2.2 代码评审的工具支持

目前针对代码评审的专项开源项目有 Facebook 开发的代码评审工具 Phabricator 和 Google 开发的代码评审工具 Gerrit。这两款工具都有很好的实践经验沉淀,但是对于国内很多团队来说,落地实践并不容易,因此更推荐使用 Git 的分支保护实现代码评审卡点。

Git 是一个分布式版本控制系统软件,主要用于控制代码的版本。所谓分布式指每个 Git 客户端都有一份完整的代码库,这样即使中央服务器出现问题,也会在各个开发者的计算机上找到备份的代码。

在 Git 的分支合并过程中支持的方式有以下两种。

❑ 在本地将变更分支合并到目标分支,切换到目标分支后,将目标分支推送到远端的目标分支。

❑ 将本地的变更分支推送到远端的变更分支,然后在 GitLab 上提交一个将变更分支合并到目标分支的请求。

为了能够实现强制的代码评审卡点,要对主干分支、测试分支进行保护,不能接受直接的推送请求,只能通过提交代码、合并请求发生变更,在代码通过架构师或者技术负责人的评审且开发人员同意后再合并。这个过程中,设置分支保护,不允许直接接受分支推送请求是该方法得以实施的关键。

下面就以 GitLab 为例讲解如何实现分支保护的设置。在 GitLab 中,首先进入对应的代码仓库,然后选择 Settings→Repository 选项,如图 4-2 所示。

图 4-2 选择 Settings→Repository 选项

接下来，选择需要保护的分支，进行对应的权限设置，如图 4-3 所示。

Protected branch (3)	Last commit	Allowed to merge	Allowed to push	
develop	e1989eca a month ago	Masters	No one	Unprotect
master default	db55e09f 2 months ago	Masters	No one	Unprotect
release	db55e09f 2 months ago	Masters	No one	Unprotect

图 4-3 权限设置

图 4-3 中限制了 develop 分支、master 分支及 release 分支只能通过合并请求的方式合并，不可以直接推送代码，同时设置了需要管理员合并的分支在完成代码评审后合并。

4.3 SonarQube 技术卡点

SonarQube（简称 Sonar）是用于代码质量管理的开源平台，而非质量数据报告工具。通过插件机制，SonarQube 能与不同的测试工具、代码分析工具和持续集成平台相结合。目前，SonarQube 已经能够支持绝大多数的编程语言，包括 C、Java、C#、Python 等。同时，SonarQube

还提供了与各种 IDE 集成的方法，以便在不同场景下导入和使用。

4.3.1　部署 SonarQube

推荐使用 Docker 部署 SonarQube。容器化的好处不言而喻，那么如何使用 Docker 部署 SonarQube 呢？首先，从公共仓库拉取镜像，如代码清单 4-2 所示。

代码清单 4-2

```
1  docker pull postgres
2  docker pull sonarqube
```

然后，使用 docker run 命令启动 SonarQube，如代码清单 4-3 所示。

代码清单 4-3

```
1  #启动数据库
2  docker run --name db -e POSTGRES_USER=sonar -e POSTGRES_PASSWORD=sonar
       -d postgres
3  #启动 SonarQube
4  docker run --name sq --link db -e SONARQUBE_JDBC_URL=jdbc:postgresql://db:5432/
   sonar -p 9000:9000
       -d sonarqube
```

启动后，通过 http://localhost:9000 访问 SonarQube。首次启动 SonarQube 时速度可能会有点慢，如图 4-4 所示。

图 4-4　启动 SonarQube

进入图 4-5 所示的登录页面，这里使用的用户名是 admin，密码也是 admin。登录成功后，SonarQube 会提醒用户配置令牌，这里配置的令牌在后续与 Jenkins 及其他平台进行交互时会用到。

图 4-5　SonarQube 的登录页面

对于 Maven 和 Gradle 项目而言，只需要将对应的配置添加到项目的配置文件中，就可以利用 SonarQube 保障项目质量。SonarQube 既可以通过流水线调用对项目进行静态代码扫描，也可以通过在开发环境中集成 SonarQube 完成代码扫描。

4.3.2　在本地开发环境中集成 SonarQube 扫描服务

为 IntelliJ IDEA 添加 SonarQube 的各种插件，这样在研发人员变更完成后，即可在本地进行代码扫描，从而在本地解决技术债务问题，防止代码污染远端仓库。为此，在 IntelliJ IDEA 中，从菜单栏中选择 File→Settings，在弹出的界面中，搜索 plugin，从搜索结果中选择 plugins，进入插件管理界面，如图 4-6 所示。

图 4-6　IntelliJ IDEA 的插件管理界面

打开 Marketplace 标签页，在插件搜索框中输入 sonar，选择安装 SonarLint 插件，如图 4-7 所示。

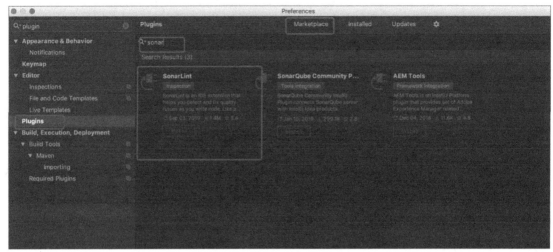

图 4-7　选择安装 SonarLint 插件

重启 IntelliJ IDEA 后，我们便有了接入 SonarQube 的原始手段，完成配置后即可在本地进行代码扫描。再次选择 IntelliJ IDEA 中的 File→Settings，在弹出的界面中，选择 Other Settings →SonarLint General Settings 选项，如图 4-8 所示。

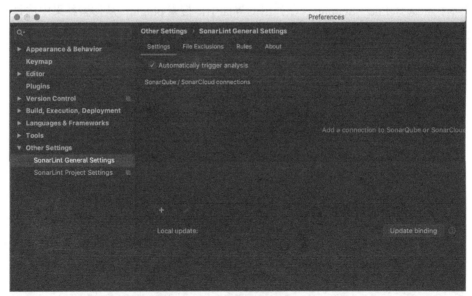

图 4-8　选择 Other Settings→SonarLint General Settings 选项

在 SonarQube / SonarCloud connections 选项区域，添加私有化的 SonarQube 服务，如图 4-9 所示。

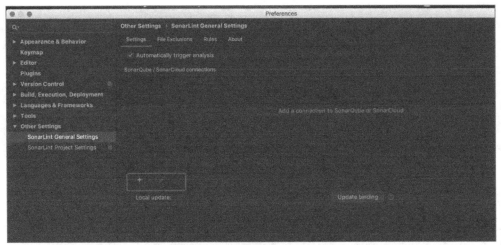

图 4-9　添加私有化的 SonarQube 服务

进入 SonarQube 服务的配置界面，如图 4-10 所示。

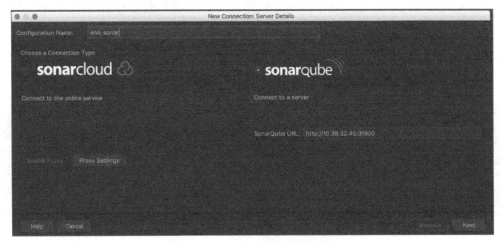

图 4-10　SonarQube 服务的配置界面

选择好登录时的身份认证方式（使用令牌或用户名和密码）之后，选择 IntelliJ IDEA 中的 File→Settings，在弹出的界面中，选择 Other Settings→SonarLint Project Settings 选项，单击 Search in list 按钮，指定一个项目，单击 OK 按钮即可完成 SonarQube 服务的配置，如图 4-11 所示。

配置成功后，进入 IntelliJ IDEA 的项目界面，界面底部会出现 SonarLint 图标，如图 4-12 所示。

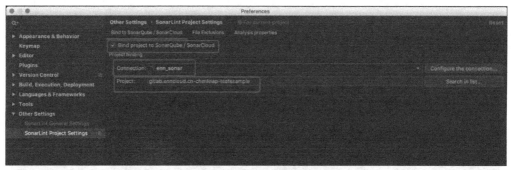

图 4-11　配置 SonarQube 服务

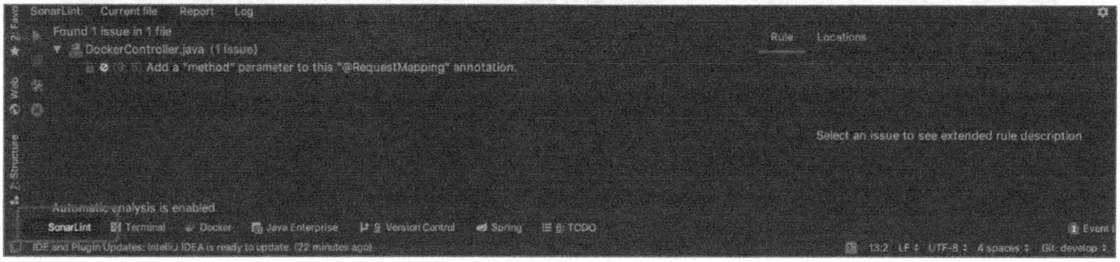

图 4-12　项目界面底部出现 SonarLint 图标

选择完代码后，单击 SonarLint 标签页中的下三角形按钮，在本地进行代码扫描，如图 4-13 所示。

图 4-13　在本地扫描代码

4.3.3　在 Maven 项目中集成 SonarQube 扫描服务

首先，打开 settings.xml 文件（这个 XML 文件可在 Maven 配置中找到），添加代码清单 4-4 所示的内容。

代码清单 4-4

```
1    <profile>
2            <id>sonar</id>
```

```
3                <activation>
4                    <activeByDefault>true</activeByDefault>
5                </activation>
6                <properties>
7                    <sonar.jdbc.url>jdbc:mysql://localhost:3006/
                          sonar?useUnicode=true&amp;characterEncoding=utf8&amp;
                          rewriteBatchedStatements=true</sonar.jdbc.url>
8                    <sonar.jdbc.username>root</sonar.jdbc.username>
9                    <sonar.jdbc.password>123456</sonar.jdbc.password>
10                   <sonar.host.url>http://localhost:9000</sonar.host.url>
11               </properties>
12       </profile>
```

在执行 mvn 命令时带上 sonar:sonar，如代码清单 4-5 所示。

代码清单 4-5

```
mvn clean package sonar:sonar
```

进入 SonarQube 的 Web 页面即可看到执行结果。另外，将 SonarQube 直接配置到 Jenkins 中可以达到同样的效果。

4.3.4　在 Jenkins 中集成 SonarQube

Jenkins 是目前相对比较流行的流水线解决方案，使用 Jenkins 和 SonarQube 就可以完成持续交付流水线上的持续检查，完成持续测试。SonarQube 的很多能力是通过插件提供的，使用管理员角色进入 SonarQube 后，先选择 Administration 菜单，再选择 Marketplace，在页面下方的 Plugins 选项区域中，等待插件更新后，就可以看到很多插件了，SonarQube 管理员可以按照团队需求进行更新。

为了把 Jenkins 和 SonarQube 连接到一起，要先在 Jenkins 中安装可以驱动 SonarQube 的插件。在 Jenkins 中，首先选择"系统管理"，再选择"插件管理"，在弹出的界面中，单击"可选插件"标签页。选择 SonarScanner 后，直接安装即可。SonarScanner 和 SonarQube 的关系类似于客户端与服务器端的关系，由于 SonarScanner 工具需要把扫描的代码及结果发送到 SonarQube 服务器上。如果想用 Jenkins 完成代码扫描，就需要在安装 Jenkins 的机器上进行部署。

安装完成后，进入 Global Tool Configuration 界面，配置 SonarScanner，若选择自动安装，在后续构建过程中会由 Jenkins 自动完成下载和配置。

然后进入 SonarQube 界面，单击用户名下方的"我的账号"，进入"安全"标签页，在"生成令牌"文本框中，输入令牌名称，单击"生成"按钮，生成令牌，如图 4-14 所示。

图 4-14　生成令牌

在弹出的界面中，单击 Add SonarQube 按钮，添加 SonarQube 的信息，如图 4-15 所示。

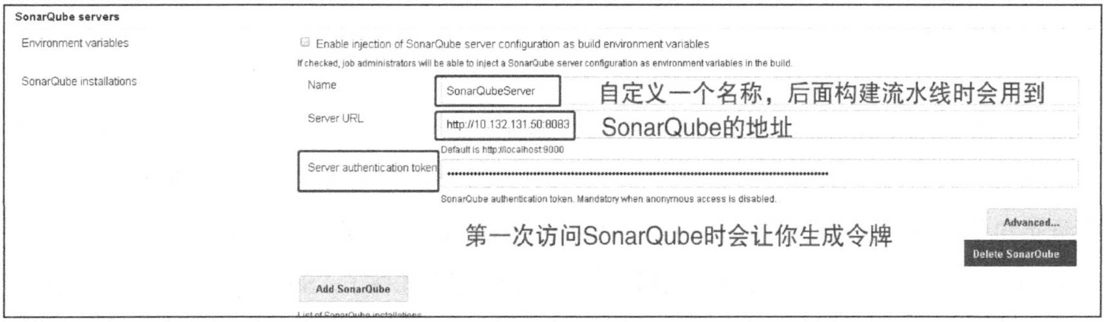

图 4-15　添加 SonarQube 的信息

在 Global Tool Configuration 界面中，配置本地的 SonarQube Scanner（SonarQube Scanner 可从官方网站下载），如图 4-16 所示。

进行项目的配置后就完成了持续审查的配置。选择"立即构建"选项，进入 SonarQube，查看新的扫描结果，如图 4-17 所示。

图 4-16　配置本地的 SonarQube Scanner

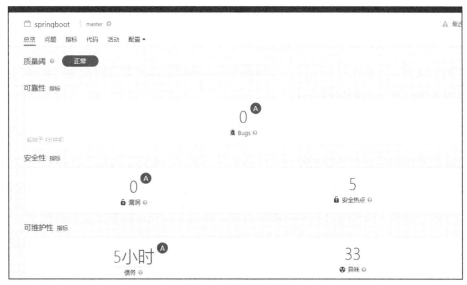

图 4-17　新的扫描结果

对应的扫描结果也会在 Jenkins 流水线中展示出来，如图 4-18 所示。

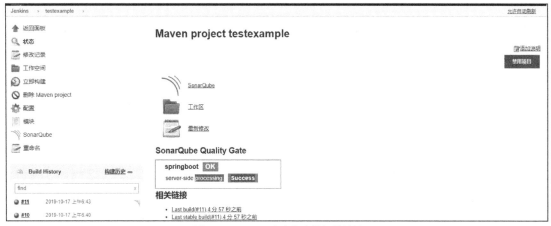

图 4-18　Jenkins 流水线中的扫描结果

同时，在界面中会显示 SonarQube 的快速访问链接，单击链接即可直接进入 SonarQube 的对应项目。

4.4 小结

在发布变更之前，质量门禁一般要求增量代码覆盖率达到 90%以上；严重及其以上级别缺陷全部修复完毕；遗留缺陷比率控制在 5%以内；性能测试、稳定性测试通过；测试任务全部按照计划执行完；测试计划实际投入与预期符合；缺陷发现率在提测周期已经收敛。这就是系统发布变更的一个典型的门禁设计。

持续测试是伴随持续集成、持续交付和持续部署而产生的。通过将测试左移，我们可以从需求分析阶段就保障所交付系统的质量。产品经理、研发工程师、测试工程师和运维工程师作为交付整体，共同对所交付系统的质量负责。通过将测试右移，我们可以将线上问题带回制品交付过程并进行修复，提高用户对系统的满意度。测试工程师在流水线交付过程中，可以通过建立质量门禁保障所交付系统的质量，并通过自动化提升质量效能，从而实现研发效能的提升。

第 5 章　测试技术和持续测试

持续测试能够推动快速反馈，从而避免测试工程师提出一个缺陷，开发工程师就要翻出几周前开发的代码，重新整理思路再修复对应的缺陷。此外，每次完成测试后，系统的干系人希望能够确认测试是一个充分并且合适的测试，既没有多测试，也没少测试。这些持续交付的需求推动了持续测试技术的发展。本章详细介绍持续测试中测试技术的发展。

5.1　契约测试

契约测试（contract test）第一次出现在 Martin Fowler 的一篇文章中。该文章首先介绍了测试替身（test double）的劣势，其中测试替身代表为了达到测试目的并且减少对被测对象的依赖，使用"替身"代替一个真实的依赖对象，从而保证测试的速度和稳定性。当今开发过程中，经常会遇到待测系统依赖组件而造成的测试阻碍，这是严重影响项目交付的风险之一，而测试替身就是规避这个风险的手段。

在测试过程中，使用测试替身（替代真实的依赖组件）和待测系统进行交互，测试替身不必和真实的依赖组件的实现一模一样，如不用实现依赖组件复杂的内部逻辑等。只需要在满足测试需求的范围内，对于被测系统来说，确保测试替身提供的 API 与依赖组件提供的一样即可，API 具体怎么实现的并不重要。

使用测试替身也不是万能的，虽然可以使用它提高测试效率，但是它毕竟不是最终要依赖的系统，因此还需要进入真实的系统集成测试，真正完成一次正确的业务流程验证。测试替身也是一类解耦技术的总称，可以进一步细分，如表 5-1 所示。

表 5-1　测试替身的分类

别名	说明
Mock	按照请求返回所有需要的逻辑返回值，主要用于接收待测系统的输出，然后进行验证，但是并不会对依赖系统的传入参数做验证。很多第三方支付系统和银行依赖的解耦系统就是以这种方式解决验证的，行业内称为"挡板系统"
Spy	真实依赖系统相同逻辑的解耦服务，同时对返回内容进行逻辑判断，对错误可以在测试代码中做一些预处理。如果部分存在问题，那么 Spy 并不会异常停止服务，而通过自己的处理将问题反馈出来或者写入日志
Stub	也可以理解为"打桩"，定义好返回值后，无论什么样的请求都返回该静态值。这就像在代码中打了一个桩，这是一个静态处理方法，无论怎么访问都会返回这个桩的处理代码。它常用于响应待测系统的请求，然后返回特定的值
Fake	一个轻量级的解耦服务，这里的轻量级是相对于原服务而言的，更多地用在数据解耦上
Dummy	指一些在测试过程中需要传入的对测试无影响却又不得不传递的数据

无论使用哪种测试替身服务，都是为了帮助解决外部依赖。现在两个团队分别负责Service1和 Service2 的开发，其中 Service1 调用 Service2。在测试过程中很容易因 Service1 和 Service2 之间的网络速度、服务不稳定等问题而无法测试 Service1，这时测试工程师首先想到的是用测试替身服务替代 Service2。这也确实是一个行之有效的方法。

但是现在开发周期、迭代周期都在变短，迭代频率不断变快，如果在 Service1 的开发或者测试过程中使用基于 Service2 的测试替身服务，同时 Service2 也被自己负责的团队进行升级迭代，但是 Service1 调用的测试替身服务没有升级，这就导致集成测试时才能发现两边不一致的问题，这将大大影响项目的进度。

在微服务盛行的今天，各种服务接口又被各种服务调用。生产者-消费者（provider- comsumer）模式促生了契约测试，契约测试应该称为消费者驱动的契约测试（Cunsumer-Driven Contract Testing，CDCT）。

契约测试从消费者的角度定义测试，通过给 API 提供方提供契约，实现功能。契约测试的核心原则是由消费者提出接口契约，由服务提供方实现，并用测试用例对契约进行约束，所以服务提供方在满足测试用例的情况下可以自行更改接口或架构实现而不影响消费者。

契约测试是一种针对外部服务接口进行的测试，它能够验证服务是否满足消费方期待的契约。它的本质是从利益相关者的角度出发，最大限度地满足需求方的业务价值实现。

当今比较主流的契约测试框架是 Pact，其工作原理如图 5-1 所示。

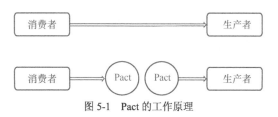

图 5-1 Pact 的工作原理

使用 Pact 完成契约测试后，先按照原来的测试用例对消费者（comsumer）进行测试，在需要消费者和生产者（provider）交互时，使生产者与 Pact 交互。在测试过程中，Pact 会记录全部生产者调用请求（保存在一个 JSON 文件中），这就是消费者的契约。在执行生产者的测试时，无须重新完成生产者的测试用例，只需要以 Pact 记录下来的消费者契约作为测试的输入，完成与生产者的交互，来验证生产者是否满足消费者契约。这说明契约测试既不是单元测试也不是集成测试，是处于单元测试和集成测试之间的一层测试行为。

如果团队不仅能自主把控开发过程中的消费者和提供者并推动消费者驱动开发的实施，还可以管理每个独立的消费者端的提供者端需求，那么适合使用 Pact 这类契约测试实践。

然而，在以下场景下目前并不适合应用 Pact 这类契约测试实践：

❑　在测试过程中，代码需要调用公共 API 或者 OAuth 授权服务；

❑　提供者端和消费者端没有良好的沟通渠道；

❑　对提供者端进行功能性测试；

❑　对于不同输入有相同的输出，并未达到验证的目的；

❑　当前测试输入需要依赖之前测试返回的结果。

5.2　流量录制技术

流量录制技术近年来被越来越多地提及。前面章节介绍测试右移时，提到过测试右移的一种测试方式就是全链路压测，而全链路压测的一个关键技术点就是流量录制技术。流量录制技术和录制回放是相互依存的关系，录制回放是为了解决项目需要一些 PRD（Product Requirement Document，产品需求文档）环境的行为而出现的技术。

流量录制技术的常用场景包括引入真实流量验证、全链路测试、测试用例和数据构造等，具体如表 5-2 所示。

表 5-2　流量录制技术的使用场景分类

场景编号	使用场景
1	上线前在预发布环境下使用线上真实的请求，检查是否准备了发布版本，是否满足发布标准
2	压力测试完成后，用线上真实的请求，加速后回放至测试环境，检查是否有报错等问题
3	把线上的流量转发到预发布环境，检查相同流量下一些指标的反馈情况，检查核心数据是否有改善、是否优化等
4	系统重构后，复制真实线上环境流量到被测试环境并回归，相当于在不影响业务的情况下提前上线，检测系统潜在的问题
5	可以将录制的流量作为用例管理起来，进行日常自动化回归
6	录制线下开发人员和测试人员第一次执行的用例，以后可以用第一次录制的用例反复回放测试，避免重复开发用例，节省测试与开发时间

流量录制技术按照所处的位置可以分为基于 Web 层录制、基于应用层录制和基于协议层录制。这 3 种录制方法各有优缺点，具体如图 5-2 所示。

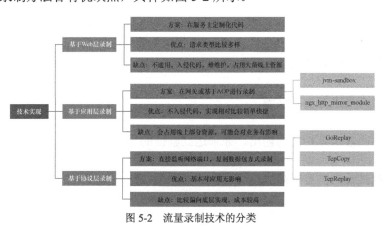

图 5-2　流量录制技术的分类

基于 Web 层录制目前没有什么太优秀的通用技术，基于应用层录制应用较广泛的方案有 jvm-sandbox 和 ngx_http_mirror_module（Nginx 插件），基于协议层录制应用较广泛的方案有 GoReplay、TcpCopy、TcpReplay。

5.2.1 Nginx 的插件

Nginx 的插件 ngx_http_mirror_module 是 Nginx 上应用较多的一种流量录制技术。Nginx 从 1.13.4 版本开始支持该插件，它从入口层创建原始请求的镜像，从而实现流量录制的效果，如图 5-3 所示。

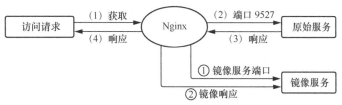

图 5-3　Nginx 录制流量的原理

流量请求到达 Nginx 后，Nginx 正常转发请求到目标应用，复制流量到镜像服务后不再管控。Nginx 上的流量录制是通过原生 Nginx 模块实现的，它支持配置多份镜像，放大流量，同时配置简单 nginx-server，将流量复制到镜像服务，从而达到对真实流量无影响的目的。

但是利用 Nginx 实现录制有一些弊端，例如，修改配置后需要执行"nginx -s reload"命令使变更生效，这样在生产环境中操作就没有那么方便；实际业务中经由 Nginx 转发的模块较多，无法筛选指定请求；只支持录制 HTTP 流量；镜像请求为子请求，当镜像请求未结束时，主请求的内存无法释放，导致 Nginx 性能下降甚至阻塞等。因此，使用 Nginx 原生的插件实现流量录制也并非在任何情况下都适用。

5.2.2 Sandbox

基于应用层录制技术中，除 Nginx 的原生插件以外，Jvm-Sandbox 技术也是一种很好的实现技术，这里推荐使用 Jvm-Sandbox-Repeater。图 5-4 展示了 Jvm-Sandbox-Repeater 录制流量的原理。

Jvm-Sandbox-Repeater 是开源项目，可以在 GitHub 官网下载，使用 Jvm-Sandbox 技术，通过 Java agent 或者 attach 方式挂载到 Java 应用上。repeater 模块根据配置的规则录制或回放数据，console 模块主要负责触发和数据交互。

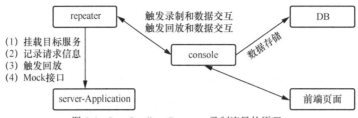

图 5-4　Jvm-Sandbox-Repeater 录制流量的原理

沙箱技术的优点主要体现在通过字节码增强直接录制 Java 方法、子调用，对业务代码零入侵，并且模块功能丰富。沙箱技术的缺点主要表现在对服务运行环境有一定的入侵，挂载瞬间会占用较多的机器资源，业务量大会导致服务挂起。

5.2.3　TcpCopy

基于协议层的录制技术相对来说比较成熟，也比较通用。协议层工具出现较早的是 TcpCopy。

TcpCopy 运行在线上机器上，主要负责捕获在线请求并修改请求头中的目标地址和源地址，然后使用原始套接字输出技术发送数据包到目标服务器。目标服务器根据配置的信息将响应数据包路由到辅助服务器。辅助服务器将提取的响应头信息发送给 TcpCopy。TcpCopy 利用收到的信息修改捕获的数据包属性并发送至目标服务器。

TcpCopy 录制流量的原理如图 5-5 所示。

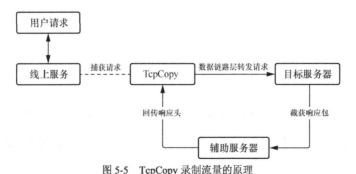

图 5-5　TcpCopy 录制流量的原理

TcpCopy 的实现方式很基础，因此对高并发场景的支持更加完善，对目标服务器基本无干扰，支持复制基于 TCP 的流量。然而，由于 TcpCopy 只复制数据包而不鉴别流量异常，可能导致异常数据进入目标服务器，它也无法对应用层的数据进行筛选和修改。

5.2.4　GoReplay

GoReplay 是基于 Go 语言实现的协议层流量录制库，主要通过监听网络接口流量录制流量，支持在线和离线方式回放流量。图 5-6 展示了 GoReplay 录制流量的原理。

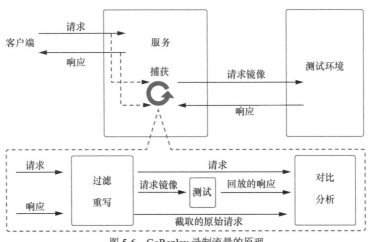

图 5-6　GoReplay 录制流量的原理

GoReplay 因其轻量程序设计特点，在使用时环境准备相对简单，程序资源消耗较少，对应用运行环境无入侵。同时，GoReplay 提供了不限制语言的插件机制，大大提高了工具的扩展性。

然而，目前 GoReplay 社区版本仅支持 HTTP 流量的录制，如果有其他协议的需求，可能无法满足要求。

5.2.5　技术本质

流量录制有低成本、高覆盖率的优势。其中低成本指无须编写测试用例，通过流量录制形成丰富的测试用例。

高覆盖率指一方面通过线上的大量真实流量确保覆盖率，另一方面覆盖一些诸如异步服务、大数据特征计算等的常规测试技术难以覆盖的部分。但是录制容易，回放难。若要回放录制的流量，就需要对项目进行技术改造，建立一些流量的贴标和识别技术，通过对影子数据持久化层的改造，完成回放流量对生产数据库的隔离。

流量录制技术的本质就是录制，类似于 LoadRunner 的录制、JMeter 的 Badboy、Selenium IDE 的录制。这些都是录制技术，只是之前在客户端录制，现在在服务器端录制。

5.3　测试代码生成

测试代码的开发速度跟不上制品检测需求增加的速度的问题日益明显，因此测试工程师开始全力解决该问题，不断地探索测试脚本生产方法就是其中一个方法。

5.3.1　基于二进制文件的测试代码生成

在接口测试过程中，绝大部分的工作时间耗费在了脚本撰写和参数设计上。它相对于测试（UI 测试）工作流程主要多了脚本撰写部分。参数设计等同于之前业务测试中的测试用例设计环节。因此针对 Java 的 ClassLoader 的分析和类的解析过程，设计并实现了一种针对 RPC 服务的测试脚本自动生成算法。

下面就详细介绍一下这种自动生成算法。自动生成算法构造了一种特殊的线索二叉树数据结构，用于实现脚本的自动生成。

二叉树是计算机中一种既普遍又特殊的树。其每一个节点中都有且至多拥有两个子节点。这两个子节点分别称为当前节点的左子节点和右子节点。如果左子节点非叶子节点，那么以左子节点为根的树称为基于当前节点的左子树，右子树与之类似。在二叉树中，顶端的节点（也就是无父节点的节点）称为根节点。节点所有右子树的根节点称为该节点的子节点。没有子节点的节点称为叶子节点。

线索二叉树充分利用二叉链表中的空指针，它使空指针在某种遍历顺序下指向该节点的前驱和后继。在二叉链表中，每个节点都有*leftChild 和*rightChild 两个指针，除根节点之外，每个节点只与一个指针对应，即要么对应 leftChild，要么对应 rightChild。假设线索二叉树中

一共有 n 个节点，因为 n 个节点有 $2n$ 个指针，又因为 n 个节点中有（n-1）条边（除头节点没有边，其余节点都有一个父节点，这些节点都有 1 条边），剩余的空指针数就是 $2n$-（n-1）= n+1，即有（n+1）个空指针。从这个角度也说明了线索二叉树的必要性。

线索二叉树在二叉链表的基础上增加了两个成员数据 leftTag 和 rightTag，分别用来标记当前节点的 leftChild 和 rightChild 指针指向的是子节点，还是线索。

如果 leftTag=rightTag=1，表示线索；如果 leftTag=rightTag=0，表示孩子节点。通过线索二叉树，我们可以快速确定树中任意节点在特定遍历算法中的前驱和后继。

针对二叉树的遍历有前序遍历、中序遍历及后序遍历 3 种。遍历即对树的所有节点访问一次。前序遍历指首先遍历书的根节点，然后遍历左子树，最后遍历右子树；中序遍历指首先遍历左子树，然后遍历根节点，最后遍历右子树；后序遍历指首先遍历左子树，然后遍历右子树，最后遍历根节点。

在原有的线索二叉树的基础之上，设计了适合脚本自动生成的树节点的存储结构，如图 5-7 所示。

Name	Type	*leftChild	*rightChild	*Father

图 5-7　适合脚本自动生成的树节点的存储结构

存储节点包含名称、类型、左子指针、右子指针和父指针等信息。下面通过前驱二叉树生成算法生成一棵前驱线索二叉树，其中前驱为指向父节点的指针，代码如代码清单 5-1 所示。

代码清单 5-1

```
1    Class NodeValue{
2    String sName;
3    String sType;
4    }
5
6    Class TreeNode<T> {
7    T value;
8    TreeNode<T> leftChild;
9    TreeNode<T> rightChild;
```

```
10
11   Public addLiftChild(T);
12   Public addRightChild(T);
13   }
```

接下来，介绍该二叉树的具体结构和存储内容。

在根节点中，具体结构如下。

❑ Name 字段存储被测接口的名称。

❑ Type 字段存储返回值类型。

❑ leftChild 字段指向第一个被测接口入参的第一个基本类型节点，否则该字段为 Null。

❑ rightChild 字段指向第一个被测接口的第一个复杂类型节点，否则为 Null。

❑ Father 字段为 Null。

在基本类型参数中，具体结构如下。

❑ Name 存储变量名。

❑ Type 存储遍历类型。

❑ leftChild 指向同层调用中的基本类型节点。

❑ rightChild 为 Null。

❑ Father 指向同层调用的上一个节点或者指向其复杂类型的父节点的节点，如果该节点是二叉树的第二层节点，则指向根节点。

对于 Java 对象类型参数，新建两个类型节点，一个是 Java 对象节点，另一个是对象中的节点。

在 Java 对象节点中，具体结构如下。

❑ Name 存储对象变量名。

❑　Type 存储 Java 对象。

❑　leftChild 指向其对应的对象节点。

❑　rightChild 指向同层的复杂对象节点。

❑　Father 指向同层调用的上一个节点或者指向其复杂类型的父节点的节点，如果该节点是二叉树的第二层节点，则指向根节点。

在对象节点中，具体结构如下。

❑　Name 存储 Null。

❑　Type 存储 Null。

❑　leftChild 指向其嵌套的第一个基本类型节点，否则为 Null。

❑　rightChild 指向其嵌套的第一个复杂对象节点，否则为 Null。

❑　Father 指向其对应的 Java 对象节点。

对于 Map 类型参数，新建两个类型节点，一个是 Map 类型节点，另一个是 Map 中的节点。

在 Map 类型节点中，具体结构如下。

❑　Name 存储对象变量名。

❑　Type 存储 Map 标记。

❑　leftChild 指向其对应的 Map 中的节点。

❑　rightChild 指向同层的复杂对象节点。

❑　Father 指向同层调用的上一个节点或者指向其复杂类型的父节点中的节点，如果该节点是二叉树的第二层节点，则指向根节点。

在 Map 类型中的节点中，具体结构如下。

- Name 存储 Null。

- Type 存储 Null。

- leftChild 指向其第一个 key 节点，key 节点按照具体类型处理。

- rightChild 指向第一个 value 节点，value 节点按照具体类型处理。

- Father 指向其对应的 Map 类型节点。

对于 List 类型参数，新建两个类型节点，一个是 List 类型节点，另一个是 List 类型参数中的节点。

在 Map 类型节点中，具体结构如下。

- Name 存储对象变量名。

- Type 存储 Map 标记。

- leftChild 指向其对应的 List 类型参数中的节点。

- rightChild 指向同层的复杂对象节点。

- Father 指向同层调用的上一个节点或者指向其复杂类型的父节点的节点，如果该节点是二叉树的第二层节点，则指向根节点。

在 List 类型参数的节点中，具体结构如下。

- Name 存储 Null。

- Type 存储 Null。

- 如果 List 是基本类型，则 leftChild 指向其对应基本类型节点，rightChild 为 Null。

- 如果 List 是复杂类型，则 rightChild 指向其对应复杂类型节点，leftChild 为 Null。

❑ Father 指向其对应的 List 类型节点。

脚本自动生成的重点是测试参数的嵌套关系，因此通过上述数据结构，我们就可以完成被测接口入参的数据结构嵌套关系的梳理。生成算法的伪代码如代码清单 5-2 所示。

代码清单 5-2

```
1    Class NodeValue{
2    String sName;
3    Node createTree（）
4    {
5        rootNode;#建立根节点
6        tagNode=rootNode；#当前节点的标志
7        int i=0;
8        while i<参数个数{
9            取第 i 个参数 node；
10           if node 是基本类型：
11               tagNode.leftchild = node;
12               tagNode=node;
13           else:
14               tagNode.rightchild = createTreeChild（node）
15           i++;
16       }
17       return rootNode
18   }
19   Node createTreeChild(Innode)
20   {
21       tagNode=Innode；#当前节点的标志
22       objectnode = {bean, null}#创建复杂对象的节点
23       node.leftchild=objectnode;
24       tagNode=objectnode;
25       int i=0;
26       while i<node 的属性个数
27       {
28           新建 node 的第 i 个属性 Nodei；
29           if node 的第 i 个属性是基本类型：
30               tagNode.leftchild=Nodei;
```

```
31              tagNode = Nodei;
32          else:
33              tagNode.rightchild = createTreeChild(Nodei)
34      }
35      return Innode;
36  }
```

依据上述算法，针对测试脚本生成过程做一个简单的介绍。被测接口如代码清单 5-3 所示。

代码清单 5-3

```
1    public String setPerson(Stirng sName,Integer iAge,HouseHold household)
2    //其中类 HouseHold 的字段（类成员）
3    Public class HouseHold{
4    public String sAddress; //户口地址
5    public String sType;//户口属性（农业，非农业）
6    ...
7    }
```

按照上述树的生成算法，生成的树的结构如图 5-8 所示。

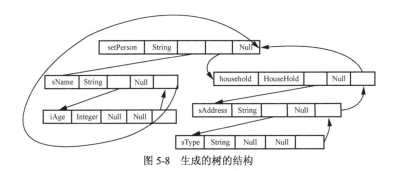

图 5-8　生成的树的结构

要生成实际的调用关系，采取中序遍历，首先遍历左子树，然后遍历根节点，最后遍历右子树。将遍历过程存入 Map 中，我们就可以完全搞清楚参数的调用关系。再通过这个 Map 的遍历，按照基本类型初始化，然后初始化复杂类型的逻辑规则，就完成被测接口的入参拼凑。最后按照根节点的结构，生成接口的调用语句，生成测试脚本。

5.3.2　基于通用文件的测试代码生成

基于通用文件的测试代码通常基于 Swagger 的测试代码生成。Swagger 可以定义一个标准的 RESTful 风格的 API，它与语言无关，是一个 API 规范。基于每个项目的 Swagger，导出针对每一个接口的 JSON 文件，具体代码可以参考代码清单 5-4。

代码清单 5-4

```
1   #!/usr/bin/env python
2   # -*- coding: utf-8 -*-
3   # @Time    : 2021/8/2
4   # @Author  : CrissChan
5   # @Site    : https://blog.csdn.net/crisschan
6   # @File    : swagger2json.py
7   # @Porject:将在线的 Swagger（V2）的 API 文档保存为离线的 JSON 文件，并提供版本之间的 diff 功能
8   import requests
9   import json
10  import re
11  from os import path
12  import os
13  import errno
14  from enum import Enum
15  import shutil
16  class Type(Enum):
17      #新建，第一次使用
18      #rewrite = 覆盖
19      new = 1
20      rewrite = 2
21  class Swagger2Json(object):
22      def __init__(self, url, out_path,type=Type.new):
23          '''
24              url :  Swagger 的 JSON 路径，类似于 v2/api-docs
25              out_path:输出路径
26              type :  Type 枚举类型
27          '''
28          self.url = url
```

```
29              self.out_path = out_path
30              if type == Type.new:
31                  self.__new_json_files()
32              elif type == Type.rewrite:
33                  self.__rewrite_jsonfile()
34      def __make_dir(self, dir_path=None):
35          '''
36              新建目录
37          '''
38          if dir_path is None:
39              dir_path = self.out_path
40          if not path.exists(dir_path):
41              try:
42                      os.mkdir(dir_path)
43              except OSError as e:
44                      if e.errno != errno.EEXIST:
45                          raise
46
47      def __new_json_files(self):
48          '''
49              存储全部 Swagger 的 JSON 路径到 swagger.json 文件，并调用单接口的 JSON 文件保存接口
50          '''
51          if self.__get_swagger_res():
52              # save swagger information by json file and save the out_path root path
53              self.__make_dir()
54              with open(path.join(self.out_path, 'cri.json'), 'w', encoding='utf-8') as f:
55                      json.dump(self.res_json, f, ensure_ascii=False)
56              self.__get_api_json()
57
58      def __get_api_json(self):
59          '''
60              保存 Controller 下的 API 的 JSON 路径到文件，并按照 Controller 结构存储
61          '''
62          api_path = path.join(self.out_path, 'api')
63          self.__make_dir(api_path)
64          tags = self.res_json['tags']  # tags save all controller name
65          for tag in tags:
```

```
66                 tag_name = tag['name']
67                 tag_dir = path.join(api_path, tag_name)
68                 self.__make_dir(tag_dir)
69
70             apis = self.res_json['paths']  # tags save all api uri
71             for api in apis:
72                 if tag_name in json.dumps(apis[api], ensure_ascii=False):
73                     api_file = path.join(tag_dir, api.replace('/', '_') + '.json')
74                     with open(api_file, 'w', encoding='utf-8') as f:
75                         json.dump(apis[api], f, ensure_ascii=False)
76
77     def __get_swagger_res(self):
78         '''
79             将 Swagger 的 JSON 路径存储到内存中
80         '''
81         is_uri = re.search(r'https?:/{2}\w.+$', self.url)
82         if is_uri:
83             try:
84                 res_swagger = requests.get(self.url)
85             except:
86                 raise Exception('[ERROR]  Some error about {}'.format(self.url))
87             if res_swagger.status_code == 200:
88                 self.res_json = res_swagger.json()
89                 if self.res_json['swagger'] == '2.0':
90                     return True
91                 else:
92                     return False
93             else:
94                 return False
95         else:
96             return False
97
98     def __rewrite_jsonfile(self):
99         '''
100             覆盖,清空后重新生成
101         '''
102         shutil.rmtree(self.out_path, ignore_errors=True)
```

```
103          self.__new_json_files()
104
105 if __name__ == '__main__':
106     url =''
107     out_patj='./jsonfile/'
108     sw = Swagger2Json(url,out_patj,type=Type.new)
```

通过上述代码，生成针对每一个 API 的 JSON 文件。针对每一个 JSON 文件，按照已经确定的测试代码格式进行一次转换就可以得到对应的测试代码。

5.4　精准测试

前面已经介绍了黑盒测试和白盒测试。从前面的介绍中可以知道，黑盒测试是一种面向业务流程的测试，针对需求设计测试用例，在运行的系统上执行测试用例，完成测试。整个测试过程中测试工程师对于测试代码是如何运行的一无所知，只能通过输入、输出评价系统的逻辑处理是否正确。而白盒测试恰恰相反，测试人员需要面向代码测试，根据代码逻辑、覆盖路径设计测试用例。对于白盒测试用例而言，被测系统的代码是可见的，测试需要检查程序的内部结构，从程序逻辑入手，得到测试数据。

在黑盒测试中，针对需求的测试用例，代码覆盖率一般为 60%～70%，如果要提高系统的测试覆盖率，需要投入的测试成本会远远高于覆盖率达到 70%时的测试投入。同时，黑盒测试过程中代码是不可见的，如果要获取更高的覆盖率，就只能设计大量的冗余测试用例，但是大量的冗余测试用例只使得提升覆盖率变成一种可能的行为，这并不是一个充分必要的方法。

冗余的测试用例会导致测试投入高、测试用例难以维护等连锁反应。针对上述这种情况，白盒测试在提升测试覆盖率上的效果就好很多。因为白盒测试中的代码逻辑是可见的，所以每增加一个测试用例，我们就可以直观地看到覆盖率的提升。但是白盒测试用例的设计人员需要理解代码逻辑及调用关系，会编写测试代码，这会提高白盒测试的门槛。对于一般的业务测试工程师来说，这是一道难以逾越的鸿沟。

要解决黑盒测试和白盒测试的问题，同时兼有这两种测试的优点，就需要精准测试。精准测试借助一定的技术手段，通过辅助算法对传统软件测试过程进行可视化、分析与优化，使测试过程更加可视化、智能、可信和精准，从而实现测试用例和被测系统的双向追溯。精准测试的原理如图 5-9 所示。

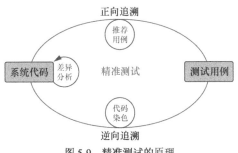

图 5-9　精准测试的原理

其中，正向追溯指开发人员查看测试人员执行用例的代码细节，以方便进行缺陷修复。测试数据可以直接为开发人员的调试提供依据，帮助他们快速定位并修复缺陷。逆向追溯指测试人员通过修改的源代码快速确定测试用例的范围，极大地减轻回归测试的工作量，快速修订测试用例，达到测试覆盖率最大化。通过推动精准测试的落地，我们可以帮助缩小回归范围，节省人力成本，同时防止缺少测试用例导致的漏测，前置测试，让测试工作和开发工作可以并行执行，提升项目敏捷度，缩短测试独占周期等。

精准测试也以持续交付流水线为基础，通过持续集成完成代码的构建、编译、静态扫描和测试环境部署，使用自动化测试平台完成回归测试用例的执行，通过测试监控分析，精确、详细地记录测试用例的运行过程，收集全部过程数据，进行缺陷分析、链路跟踪，建立测试用例和系统代码的映射关系，实现测试用例和系统代码的双向追溯，真正实现有所测，有所不测。

差异分析指分析两次提交的代码的变化，这主要依靠现在版本控制系统实现，目前通常使用 Git。通过 Git 提供的 diff 方法，我们可以获取代码的变更，通过 git diff 命令可以获悉哪个文件的哪几行代码有变动，以差异小结的形式标注。其中如果有变化，则对于删除的代码会标注减号，对于其他改动的代码会标注加号。通过这种方式，我们就可以获悉是否有代码发生变动，只要有变动，就需要通过内部映射关系推荐的回归测试用例进行回归。

代码染色是通过覆盖率监控实现的，在 Java 项目中覆盖率监控部分绝大部分是基于 Jacoco 实现的。首先，Jacoco 通过 ASM 字节码注入的探针标注代码是否执行过，这样就可以记录代码模块是否执行过，从而达到代码染色的目的。然后，通过 Jacoco 的 dump、merge、report 生成测试报告。其中，dump 先从 Jacoco 的代理中请求覆盖率的数据 exec 文件，然后通过 merge 命令将多个 exec 文件合并，最后通过 report 进行展示。

5.5 测试平台化

DevOps 加速了端到端的交付速度，这推动了持续测试的发展。如果要推行持续测试，那么自动化测试会是必要的技术方案之一，但是自动化测试对测试人员、团队技术成熟度都有着非常高的要求。测试平台化就是解决自动化测试技术门槛和推动持续测试之间的矛盾的利器。

在 DevOps 流水线过程中，测试开发工程师的工作是从接口自动化测试开始的。测试开发工程师通过编写接口自动化测试代码、设计接口自动化测试设计并上传到代码仓库，通过 DevOps 流水线调用接口测试脚本而完成接口测试。接口自动化测试所用到的测试框架一般是团队按照自己的技术栈、技术基础封装的。接口自动化测试通过的规范要由测试开发工程师和研发工程师共同制定，在通过接口自动化测试后，就进入界面自动化测试阶段，也就是 UI 自动化测试阶段。

UI 自动化测试阶段由测试开发工程师主导，通过编写基于验收业务逻辑场景的 UI 自动化测试脚本并设计测试数据，完成 UI 自动化测试从而实现 ATDD。UI 自动化测试最好也可以通过 DevOps 流水线驱动，这里如果测试 Web 服务，可以在 Linux 服务器上使用无头浏览器（headless browser）完成，浏览器兼容性可以通过 SeleniumGrid 组件设置。

对于 App，需要通过模拟器或者真机完成测试。如果兼容性也是项目关注的一个重点，那么推荐使用 STF 手机终端管理平台，完成兼容性自动化测试。类似于接口测试，这里也要定义 UI 自动化测试的通过标准，以及满足兼容性的标准。

上述流程全部完成后，制品不应直接提交到生产环境。完成探索测试阶段，再次确认业务流正确并且交互过程符合易用性要求后，才会完成质量门禁，进入持续部署流程。

上述流程已经把自动化测试发挥到了极致，在真实工程的交付过程中，绝大部分 IT 交付团队无法达到如此成熟的程度，具体原因如下。

- ❑ 工期紧张，交付压力过大，开发工程师不会在代码评审、单元测试上花费太多时间，从整个团队的角色成本上看，开发工程师的平均成本远远高于测试工程师的平均成本，团队会让成本更高的开发工程师从事创造性的工程任务，质量保证内容交给测试工程师，在后续阶段进行弥补。

- ❑ 测试工程师的技术水平普遍较低，让测试工程师写代码是一件很难的事情。虽然测试工程师入门时具备差不多的编程基础，但是随着时间的推移，测试工程师写代码的技能已经弱化。

这些因素阻碍了测试自动化技术体系的落地。

在当今的工程效能之下，DevOps 不断地加快端到端的交付速度，交付的加速与上述半自动化的测试过程，乃至全手工化的质量保障环境形成了鲜明的对比。

为了高效地构建高质量的软件，团队不得不在交付流程中不断地执行自动化测试脚本和手工测试，这说明质量保障是制约快速交付的问题之一。因此，持续测试应运而生。持续测试是一个过程，它将自动化测试技术作为软件交付流水线中内嵌的一部分，以尽快发布软件、持续反馈技术风险为主要目的。

持续测试的出现适应了 DevOps 的要求，但是测试工程师的技术水平及自动化测试本身的一些技术壁垒让持续测试成为很多团队难以跨越的鸿沟。测试平台化刚好可以解决该问题，帮助团队跨过这个鸿沟，迈入高效团队的阵营。

在绝大分团队中，有负责工具组的团队，团队成员会为整个持续测试提供测试工具从而实现测试平台化。如果团队中没有专门负责测试平台的人，那么在代码扫描部分可以使用 SonarQube，在接口自动化测试平台部分可以使用 Yapi，单元测试和 UI 自动化部分目前没有成熟的开源解决方案，使用 SonarQube 代码扫描平台、Yapi 接口测试平台至少能够满足测试平台化的基础需求。

测试平台化的优越性如下。

❑ 将自动化测试门槛降到足够低，低到只要有测试基础的测试工程师就可以完成自动化测试。

❑ 统一技术。推行测试平台化不再需要兼顾各种技术栈，只需要按照自己设计测试平台的技术栈在团队内进行提升就可以。

❑ 降低高级测试技能的学习成本。对于测试行业中的高级测试类型（如性能测试），通过测试平台化降低学习成本，让所有人都可以完成。

5.6　智能化测试

在介绍智能化测试之前，我们先了解一下"智能"的概念。这里所说的"智能"指人工智能（Artificial Intelligence，AI），这是一种通过普通的计算机程序呈现人类智能的技术。美国麻省理工学院的温斯顿教授把人工智能定义为研究如何使用计算机做过去只有人才能做的智能工作。在这里，所谓的智能工作指通过人类智慧完成的工作流程、内容和方法。

20 世纪 50 年代，人工智能开始逐渐走入人们的视野。当时人们对人工智能的理解还很肤浅。随着越来越多的科幻电影和小说不断加入对人工智能的描述，人们才逐渐意识到人工智能将会给人类带来巨大的影响。

到了 20 世纪 80 年代，机器学习作为人工智能的一个重要分支出现了。机器学习是人工智能的核心，研究如何让计算机模拟或实现人类的学习行为，以获取新的知识或技能，然后重新组织已有的知识，从而不断改善自身的性能。

2010 年以后，深度学习逐渐出现。深度学习是机器学习的研究领域之一，通过建立具有层级结构的人工神经网络，在计算系统中实现人工智能。

智能化测试即人工智能驱动测试（AI Driven Testing，AI-DT），研究如何使计算机做过去只有人才能做的智能测试工作。测试工程师在测试过程中不仅是决策者，还是工具链的维护者和创造者。

如今，被测系统从来没有像今天这样复杂。微服务化使得系统之间可以通过无数的 API 联系在一起，测试场景变得越来越复杂，系统复杂度的非线性增长使得测试用例的设计仅靠人工越来越难以覆盖绝大部分场景。

随着项目交付周期不断缩减，测试工程师需要更高效、更准确地评价并反馈被测系统的质量。在 DevOps 盛行的当下，过程化测试变得越来越重要。随着之前月级别的交付逐渐演变成当下周级别的迭代交付和日级别的构建，流水线式的质量保障手段得到很大发展，过程化的测试流程变得尤为重要。

智能化测试走到今天已经不再仅仅是学术领域的事情，而已经逐渐在很多团队中落地推行。这里既包含开源工具的落地引入和改造，也包含自行研发的智能化测试工具的落地实践。但无论采用哪一种落地实践，它们都是对智能化测试的推动和发展。以人工智能驱动测试并通过算法避免繁重的手动测试，应该是目前行之有效的方法。

智能化测试是测试平台化发展的一个必然产物，测试平台化发展会让测试工程师开始将持续测试的视角从质量保障扩展到自动化质量保障；从利用平台完成自动化测试的执行逐渐发展到利用平台完成全部自动化测试步骤。我们希望通过一些智能化的方法使测试过程中繁重的手工劳动由机器完成，测试工程师变成规则的维护者、阶段的决策者，从而提高团队的工作效率。

智能化测试不仅可以完成测试逻辑的建立、测试数据流的设计，还支持后续的测试执行、测试结果收集和分析，这在很大程度上释放了人力。而释放出来的人力就可以做更需要主观判断、决策等的事情。

时至今日，软件测试已经发生很大的变化。在软件测试的早期，手动测试在整个软件测试行业占据主导地位，各种测试设计方法、测试实践层出不穷，如软件测试用例的设计方法、软件测试的分类等，这些测试设计方法和测试实践直到今天仍指导着软件测试从业者。

随着软件规模的不断增大和迭代周期的不断缩短，单纯依靠手动测试已经很难平衡质量和效能的矛盾。因此，自动化测试逐渐走向测试行业的前台，这推动了测试技术的快速发展和落地。正如我们看到的那样，自动化测试就是利用一些特殊工具和专属框架等完成测试的执行，以及测试结果的收集和对比等工作，然后将那些与预期结果不一致的流程，使用某种手段告知相关干系人。

在实际工作中，回归测试需要反复进行，自动化测试使得测试工程师可以将精力和时间聚焦于新业务的测试，而不是一次又一次地完成相同的回归测试。不难看出，自动化测试不仅解决了手动测试的很多痛点，还提高了测试覆盖率。目前，绝大部分自动化测试是通过自动化框架驱动的——通过对测试框架进行封装，完成自动化的回归测试任务，这样既能贴合团队的使用习惯，又能充分发挥自动化测试的作用。

近年来，IT 公司开始积极实施敏捷开发。在实施敏捷开发的过程中，持续集成、持续交付等变得尤为重要。一支 IT 团队如果想要实施敏捷开发，实现持续集成乃至持续交付，那么持续测试是不可能逾越的。测试工程师要想跟上研发节奏，提高团队的工程生产力和工程效率，就必须有更加高效的质量保障手段。

在这种需求下，原来的自动化测试虽然提高了测试执行、测试结果收集及分析的效率，但是测试逻辑的建立、测试数据流的设计等工作仍主要依靠人力来完成。因此，要让测试在持续交付过程中发挥作用，而不是成为高效交付的障碍，我们就要想办法解决相应的问题。智能化测试能够很好地解决此类问题。智能化测试不仅可用于实现测试逻辑的建立和测试数据流的设计，还支持对后续测试的执行、测试结果的收集和分析等。智能化测试能在很大程度上释放人力，让测试工程师专心做主观判断及决策等。

通过前面的讨论，得出如下结论。

智能化测试主要研究如何用计算机去做过去只有通过人力才能完成的测试工作。通过智能化测试，测试工程师就能够从复杂、枯燥的业务流程测试中解放出来，变成测试过程的决策者、智能化工具链的维护者和创造者。

图 5-10 展示了智能化测试的优越性。

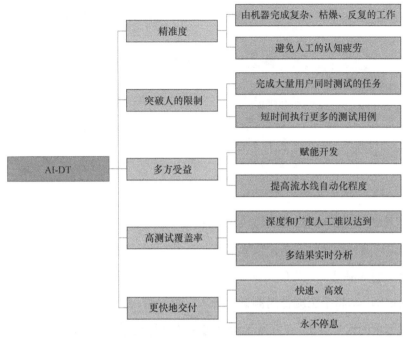

图 5-10　智能化测试的优越性

智能化测试使复杂、枯燥、反复循环的工作由机器完成。人在反复执行某一工作时，会出现思维惯性和惰性，从而出现认知疲劳，最终影响测试的结果，但是计算机不同，它会永远按照约定好的规则和逻辑执行下去，这样就使得测试结论更加精准、可靠。

智能化测试可以同时执行大量用户的测试任务，但是这里的大量不仅指模拟了大并发，还指更加接近系统中真实用户的访问行为和访问规模，更加接近系统的真实服务场景，且测试可以不眠不休地执行。

伴随着自动触发、执行、输出结果，智能化测试会逐渐地将测试过程化，直接赋能研发工程师，提高工程交付的自动化程度，在测试深度和测试广度上达到人工难以企及的水平，并能在测试过程中依据已有的测试结果调整测试，不断优化，达到最优的测试覆盖率。

显而易见，智能化测试能够让项目的交付速度更快，节省更多的人工成本。但是智能化测试并非马上就能发展到非常智能、非常自主的程度，需要不断地发展和演进。智能化测试的分级模型如图 5-11 所示。

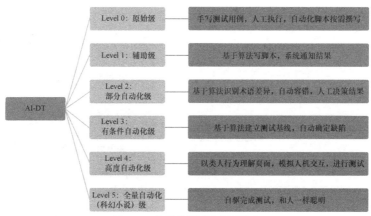

图 5-11　智能化测试的分级模型

Level 0 也称为原始级。它处于最原始的测试工作状态，测试工程师每天还在针对各个应用手写测试用例，一遍一遍地针对每个发布版本执行相同测试用例。在这里，测试工程师的精力都放在如何更全面地测试上，没有人独立出来写自动化测试脚本。手工测试工程师负责撰写用例的自动化测试脚本，将手工测试用测试的脚本重复一遍，任何功能的修改都意味着测试用例和自动化测试脚本的人工维护。在开发工程师对系统进行全面修改时，绝大部分测试用例失效，需要重新维护，并且要验证全部的失效用例，以确定是否是软件缺陷。

Level 1 也称为辅助级。在辅助级，智能化测试框架可以分析被测系统的修改是有效的更改，还是无效的更改。智能化测试框架通过算法辅助测试脚本的开发，通知智能化测试框架可以执行测试并决定测试结果是否通过。如果失败，框架将通知测试工程师并由他验证缺陷的修改是否正确，确定失效的原因是否是一个真实的缺陷。当被测系统发生更改时，AI 算法驱动测试完成全量检测，避免人工重复执行大范围测试用例这样枯燥的工作。

Level 2 也称为部分自动化级。在部分自动化级，智能化测试框架可以从系统用户的角度学习术语差异，对更改进行分组，同时算法在持续的自我学习中可以自行更改这些分组，通知测试工程师对应的更改，人工可以介入、撤回更改。智能化测试框架可帮助您根据基线检查更改，并将单调的工作转化为简单的工作，但是仍然需要人工审查全部测试出的缺陷，并进行确认。

Level 3 也称为有条件自动化级。在这一层级中，智能化测试框架可以通过机器学习完成基线的建立，自动确定缺陷。例如，智能化测试框架可以根据自学的基线和相关规则确定 UI 层的设计（包括对齐、空白使用、颜色和字体使用情况及布局）是否合理。在数据检查方面，智能化测试框架可以通过对比确定页面显示的全部结果是否正确，接口返回结果是否正确。智能化测试框架可以在无人干预的情况下完成测试，测试工程师只需要了解被测系统和数据规则即可。即使页面发生很大的变化，只要正确的逻辑无变化，智能化测试框架就能很好地学习和使用被测系统。收集并分析全部的测试用例，通过机器学习等技术，人工智能系统可以检测到变化中的异常，并只提交异常，方便人工验证。

Level 4 也称为高度自动化级。智能化测试框架可以检查一个页面，并像人类一样理解它，所以当它查看登录页面与配置文件、注册或购物车页面时，可以理解它们。因为它在语义上理解作为交互的一部分的页面，所以智能化测试框架可以推动测试。虽然登录页面和注册页面等页面是标准的，但大多数其他页面不是标准的。在这一个级别中，框架能够查看用户随着时间的推移进行的交互，可视化交互，并了解页面或者流程，即使它们是智能化测试框架系统从未见过的类型。一旦智能化测试框架了解了页面类型，它就可以使用强化学习（一种机器学习）等技术自动开始测试。它可以编写测试，而不仅仅是对它们进行检查。

Level 5 也称为全量自动化（科幻小说）级。在此级别上，AI 将能够与产品经理进行对话，了解应用程序，并自行完成驱动测试。

从智能化测试分级模型可以看出来，智能化测试的发展方向就是去人工化，但是不要恐慌，即使发展到 Level 5，测试工程师也仅改变了工作方式，质量保障流程仍然会存在。对于当今的测试框架和平台，绝大部分自动化框架属于 Level 1，同时有往 Level 2 发展的趋势。要达到 Level 3——有条件自动化级还需要很多努力。要实现 Level 4 及其以上级别还需要经历很长一段时间，这需要所有测试从业者共同努力。

下面介绍部分当今相对比较成熟的智能化测试开源框架。

5.6.1 开源的智能化单元测试框架

智能化单元测试框架在智能化测试中相对比较成熟。在智能化单元测试中，主要有静态分析法、文档分析法、随机法、搜索法和最大化覆盖法等测试用例生成方法。

静态分析法是最早的一种智能化单元测试用例生成方法，应用该方法的优秀开源工具主要有 Symbolic PathFinder 和 JCute。

基于文档分析法的智能化单元测试框架其实并不是常规理解的一个 Word 文档，而基于代码中的注释完成单元测试的编写和执行。相对成熟的测试框架是 Toradoc。在工作中，很多时候，除抱怨项目没有单元测试以外，我们还会抱怨没有注释，所以对于一个没有注释的项目，Toradoc 就显得力不从心了。

随机法是一种比较流行的智能化单元测试用例生成方法。虽然它也有比较成熟的测试框架，但是对单元测试的支持并不完美，在单元测试的覆盖率上，也无法保障一个稳定的度量值。

对于基于搜索法和最大化覆盖法的智能化单元测试框架，这里推荐使用 EvoSuite、JTExpert、Testful。每款工具都有它自己的特点，也有共同之处，具体如何选择还需要根据实际情况而定。

在这些开源智能化单元测试框架中，推荐使用 EvoSuite。这是因为 EvoSuite 生成的测试用例符合 JUnit 标准，可以直接在自动化测试框架 JUnit 中运行， EvoSuite 也支持持续集成流水线。

在运行 EvoSuite 时，它会自动启动 mokito 框架，并为所有测试函数生成一份测试 Mock 服务，同时依据它自己的算法生成测试入参和 Mock 服务的参数，这样就为被测服务建立了一个沙盒机制，从而保证它是代码覆盖率最高、测试用例数最少的测试用例集合。尝试在 Maven 项目的 pom.xml 文件中加入代码清单 5-5 所示的代码，将 EvoSuite 导入项目。

代码清单 5-5

```
1    <!--property--加入 Maven 的 pom.xml 文件的 property>
2    <properties>
3      <evosuiteVersion>1.0.6</evosuiteVersion>
```

```
4    </properties>

5

6

7    <!--dependecy--加入 Maven 项目的 pom.xml 文件中的依赖>

8

9

10   <dependencies>

11     <dependency>

12       <groupId>junit</groupId>

13       <artifactId>junit</artifactId>

14       <version>4.12</version>

15       <scope>test</scope>

16     </dependency>

17     <dependency>

18       <groupId>org.evosuite</groupId>

19       <artifactId>evosuite-standalone-runtime</artifactId>

20       <version>${evosuiteVersion}</version>

21       <scope>test</scope>

22     </dependency>

23     <dependency>

24       <groupId>org.apache.maven.surefire</groupId>

25       <artifactId>surefire-junit4</artifactId>

26       <version>2.19</version>

27     </dependency>

28     <dependency>

29       <groupId>org.apache.maven.plugins</groupId>

30       <artifactId>maven-surefire-report-plugin</artifactId>

31       <version>3.0.0-M3</version>

32     </dependency>

33   </dependencies>

34   <!--build 下的 plugins 中--在 Maven 项目的 pom.xml 文件中构建插件>

35   <build>

36     <plugins>

37       <plugin>

38         <groupId>org.evosuite.plugins</groupId>

39         <artifactId>evosuite-maven-plugin</artifactId>

40         <version>1.0.6</version>
```

```
41        <executions><execution>
42          <goals> <goal> prepare </goal> </goals>
43          <phase> process-test-classes </phase>
44        </execution></executions>
45      </plugin>
46
47      <plugin>
48        <groupId>org.codehaus.mojo</groupId>
49        <artifactId>cobertura-maven-plugin</artifactId>
50        <version>2.7</version>
51        <configuration>
52          <instrumentation>
53            <ignores>
54              <ignore>com.example.boringcode.*</ignore>
55            </ignores>
56            <excludes>
57              <exclude>com/example/dullcode/**/*.class</exclude>
58              <exclude>com/example/**/*Test.class</exclude>
59            </excludes>
60          </instrumentation>
61          <check/>
62        </configuration>
63        <executions>
64          <execution>
65            <goals>
66              <goal>clean</goal>
67            </goals>
68          </execution>
69        </executions>
70      </plugin>
71    <!-- mvn test 生成 xml 格式的测试报告（命令行不带 surefire-report:report 时） -->
72      <plugin>
73        <artifactId>maven-surefire-plugin</artifactId>
74        <configuration>
75          <testFailureIgnore>true</testFailureIgnore> <!-- -->
76          <includes>
77            <include>**/*Test.java</include> <!-- -->
```

```
78          </includes>
79          <excludes>
80            <!-- -->
81          </excludes>
82        </configuration>
83      </plugin>
84
85      <!-- 用 mvn ant 生成格式更友好的报告 -->
86      <plugin>
87        <groupId>org.jvnet.maven-antrun-extended-plugin</groupId>
88        <artifactId>maven-antrun-extended-plugin</artifactId> <!-- -->
89        <executions>
90          <execution>
91          <id>test-reports</id>
92          <phase>test</phase> <!-- -->
93          <configuration>
94          <tasks>
95          <junitreport todir="${basedir}/target/surefire-reports">
96            <fileset dir="${basedir}/target/surefire-reports">
97            <include name="**/*.xml" />
98          </fileset>
99          <report format="frames" todir="${basedir}/target/surefire-reports" /> <!-- -->
100         </junitreport>
101         </tasks>
102         </configuration>
103         <goals>
104         <goal>run</goal>
105         </goals>
106         </execution>
107       </executions>
108       <dependencies>
109         <dependency>
110           <groupId>org.apache.ant</groupId>
111           <artifactId>ant-junit</artifactId>
112           <version>1.8.0</version>
113         </dependency>
114         <dependency>
```

```
115            <groupId>org.apache.ant</groupId>
116            <artifactId>ant-trax</artifactId>
117            <version>1.8.0</version>
118         </dependency>
119      </dependencies>
120    </plugin>
121    <plugin>
122      <groupId>org.apache.maven.plugins</groupId>
123      <artifactId>maven-surefire-report-plugin</artifactId>
124    </plugin>
125  </plugins>
126 </build>
127 <!----project--->
128 <project>
129   <reporting>
130     <plugins>
131       <plugin>
132         <groupId>org.codehaus.mojo</groupId>
133         <artifactId>cobertura-maven-plugin</artifactId>
134         <version>2.7</version>
135       </plugin>
136     </plugins>
137   </reporting>
138 </project>
```

　　在完成上面的配置后，我们通过如代码清单 5-6 所示命令可以完成单元测试脚本生成、单元测试脚本执行并查看测试结果，同时看到生成的测试脚本（EvoSuite 的部分使用问题及解决办案参见附录 D）。

代码清单 5-6

```
mvn evosuite:generate evosuite:export test
```

5.6.2　开源的智能化 UI 测试框架

　　智能化 UI 测试目前主要在 Web 端和 App 端使用，主要借助一些智能化技术完成业务流程执行、结果识别、容错及多场景适配等方面的工作。

智能化测试在 UI 测试方面的发展重点就是解决自动化 UI 测试导致的低 ROI 问题。纵观智能化 UI 测试的发展历程，它的优越性非常明显，如它使得测试更加精准、智能和高效。在 Web 端的智能化 UI 测试解决方案中，retest 开源的 recheck-web 就在脚本自动化容错方面做得非常好。recheck-web 是基于 Selenium 的测试框架，能够让使用者轻松地创建和维护测试脚本。做过 Web 界面自动化测试的测试工程师都遇到过如下问题。

❑ 脚本好不容易调试完毕，却因为开发的某一个元素的 ID 发生了变化，自动化测试失效。

❑ 在测试脚本中，使用的元素查找方法都没有问题，但是脚本仍旧在运行的时候报错。

而使用 recheck-web，可以帮助测试工程师避免这些问题。具体来说，运用 recheck-web 时，它会创建一个网站的副本，这样每次分析时，都会基于该副本的语义进行分析比较。于是，对于那些并不决定业务流程的变更或者无关紧要的变更，recheck-web 都可以基于副本分析找到对应的元素，并识别出已经更改的元素，从而自行完成自动化测试流程。

recheck-web 的工作原理如图 5-12 所示。

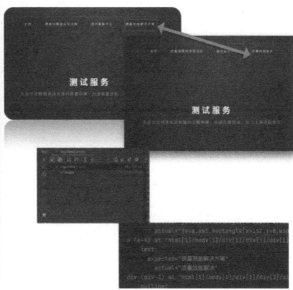

图 5-12 recheck-web 的工作原理

当页面的文字描述发生变化时，UI 自动化测试仅仅显示了变化，但是自动化测试脚本并没有出问题，这个脚本的执行结果还是 Pass。对于任意一个基于 Selenium 的 Web UI 测试项目，如果想要加入 recheck-web 的支持，只需要把 Maven 项目的依赖加入 pom.xml 文件中，然后把一些断言类的语法替换即可。至于具体的语法，请参阅 GitHub 项目中的帮助文档。

对于 App 端的自动化测试框架，要介绍的是智能化测试工具 Test.ai，它同样与 Appium 搭配使用。Test.ai 这个智能化测试工具的推动者和 Appium 合作开发了一款供 Appium 专用的 AI 插件，该 AI 插件是专门用来查找元素的。这个插件能够自我学习每一个图标代表的意思，如表示一个购物车按钮，还是其他意思等。

在使用 Appium 进行测试脚本设计时，无须知道 App 的架构，也无须让研发工程师必须按照元素的选择器的约定进行处理，该 AI 插件能够基于展示层找到对应的按钮。这种方法比基于 ID 等的定位方法更加直接。只要训练好智能化测试算法，让它主动识别图标，这样既不需要学习上下文，也不需要匹配精准的图标，就能满足跨平台、跨硬件的兼容性需求。

第6章　有效的度量促进质量的成熟

管理学大师彼得·德鲁克曾经说："你如果无法度量它，就无法管理它。"物理学家开尔文说："如果你不能度量它，你就无法改进它。"因此，要想有好的质量并有效地促进质量改进，同样离不度量。作为交付质量的主要保障角色，测试工程师在质量保证中起着至关重要的作用，但是测试工程师如何判断经过质量保障后交付制品的质量怎么样？如何判断团队交付的制品的质量是变好还是变坏？这些问题就需要依据一套完整有效的度量回答。

6.1　正确的质量度量

比尔·盖茨曾经说："用代码行数来衡量软件的生产力，就像用飞机的重量来衡量飞机的生产进度一样。"所以，只有找到正确的度量质量指标，才能得到正确的质量结果。典型的错误质量度量有被很多人诟病的千行代码缺陷率等。网上曾经有一个笑话就是关于千行代码缺陷率的。

某公司有两个开发团队，公司对缺陷密度中的千行代码缺陷率指标做对比，对千行代码缺陷率高的团队扣奖金，用于奖励千行代码缺陷率低的团队。

在第一个月，团队 A 的千行代码缺陷率高于团队 B 的千行代码缺陷率，团队 A 的成员被扣了奖金，但是团队 B 的成员很开心。

在第二个月月初，团队 A 的负责人召集团队成员讨论对策，讨论的结果就是将一些用递归、抽象等方法写的代码改成最原始的写法，通过增加计算千行代码缺陷率的分母来降低该度量值。果然，第二个月月底统计时，团队 A 的千行代码缺陷率大幅度低于团队 B 的千行代码缺陷率。

而团队 B 的成员觉得很蹊跷，私下打听到团队 A 的做法，因此团队 B 也决定效仿，但是就算这样肯定也无法低于团队 A 的千行代码缺陷率，团队 B 内部不断讨论后，决定将 Tomcat 源代码引入项目，这些源代码在计算千行代码缺陷率的分母中占很大的比重。

几个月下来，项目代码越来越难以维护，项目无法按时交付，最后两个团队的项目全都失败，公司也因此倒闭，但是团队 A 和团队 B 的项目代码仓库中有当前所有开源项目的源代码。

当然，上面只是一个笑话。但是这则笑话说明了一个道理，你度量什么，就会得到什么。这也是著名的古德哈特定律的体现。杜德哈特定律指出，当一个度量成为目标时，它就不再是一个好的度量。也就是说，如果一个指标被用作政策目标，它很快就失去了捕捉被测量的现象或特征的能力。经济学家查尔斯·古德哈特（Charles Goodhart）在 1975 年的一篇批判撒切尔货币政策的文章中指出，一旦为控制它而对其施加压力，任何观察到的统计规律就会坍塌。例如，印度眼镜蛇的故事。

在处于殖民时期的印度，德里的眼镜蛇泛滥成灾。为了减少城里的眼镜蛇数量，当地政府的解决方案是奖励猎杀眼镜蛇的人。由于赏金足够丰厚，许多人开始猎捕眼镜蛇，这正好得到了预期的结果：眼镜蛇数量减少。随着眼镜蛇数量的下降，在野外寻找眼镜蛇变得越来越困难，人们开始想方设法。他们开始在家里养殖眼镜蛇，然后像以前一样杀死眼镜蛇来领取赏金。地方当局意识到，在这个城市里已经很少有眼镜蛇，但他们支付的赏金仍然像以前一样多。于是，地方官员决定取消赏金。结果就是人们把毫无价值的眼镜蛇放回野外，导致了比之前更大的眼镜蛇问题。

在制定度量指标时，一旦一个指标作为组织绩效的一部分被采纳，它就会导致行为的改变，从而产生不正当的激励，导致非计划内的后果。因此，在质量上既要有度量，也要选择正确的度量指标。

首先，在度量质量时，不仅要避免古德哈特定律，还要避免麦克纳马拉谬误。麦克纳马拉谬误指使可测量的重要而不是试图使重要的可测量。它由美国社会学家丹尼尔·扬克洛维奇（Daniel Yankelovich）于 1972 年提出，但直至 1994 年才因管理大师查尔斯·汉迪（Charles Handy）的《空雨衣》一书而广为流传。该谬论以曾任美国国防部部长的罗伯特·麦克纳马拉（Robert McNamara）之名命名。麦克纳马拉谬论的描述如下。

第一步是测量任何容易测量的，这目前没有什么问题。

第二步是无视那些不容易测量的，或赋予它任意数值，这是人为误导的。

第三步是假设那些不容易测量的都不重要，这是盲目的。

第四步是宣称不容易测量的不存在，这是"自杀式的"。

在度量指标的选取上要避免在灯下找钥匙，通过指定的度量指标将所有人的关注点集中到灯光之下，这可能导致忽略不易测量或实际上不可测量的方面，即使它们与测量的指标同等重要或比测量的指标更重要。对于一个持续迭代的项目的度量指标，首要的选取原则就是度量的好处要大于成本，如果度量的成本超过了益处，必将导致很多投机取巧的做法。

回到本章开始的笑话，如果团队的度量是驱使大家既使用优秀的编码实践又考核千行代码缺陷率，那么就不会发展到一切皆输的地步，因为这些度量指标是相互制约的。这就和很多心理测试问卷一样，一些问题用来衡量受测者心理是否健康，另一些问题是用来测谎的。也就是说，在整体的度量指标的选择中，千行代码缺陷率可以选择，但是一定要有一个可以制约笑话中的问题的指标。综合上述度量指标选取原则和定律，常用度量指标如表 6-1 所示。

表 6-1 常用度量指标

分类	度量指标	
质量	开卡成功率	
	验卡成功率	
	SonarQube 技术债	缺陷（按严重级别分别统计）
		漏洞（按严重级别分别统计）
		代码异味（按严重级别分别统计）

续表

分类	度量指标	
质量	SonarQube 技术债	代码密度
		圈复杂度
	单元测试和代码覆盖率	行覆盖率
		分支覆盖率
	线下缺陷（按严重级别分别统计）	
	线上缺陷（按严重级别分别统计）	
	发布失败率	
	缺陷探测率	
	线下缺陷解决率	
	线下缺陷遗留数	
	平均无故障时长	
	缺陷密度	
效率	平均代码变更前置时间	
	平均构建排队时间	
	每天向主干合并的次数	
	平均发布分支不可发布的时间	
	每人每天修改的代码行数	
	每人每天提交代码的次数	
	制品交付过程中的需求变更次数	
	每次发布包含的平均故事卡片数	
	每次发布包含的代码变更行数	
	每次上线补丁的个数	
	平均修复时间	

分别在质量和效率两个方面指定上述指标，每个指标都有它自己的度量角度。

开卡成功率主要指在测试左移时，在开卡阶段，每次顺利将需求故事卡片移入看板中开发人员负责的泳道的概率。如果开卡失败，那么需要产品经理在补充完善后再次开卡，那么这就不算开卡成功，因此开卡成功率是第一次就顺利进入开发人员负责的泳道的需求故事卡片数量除以进入开卡阶段的需求故事卡总数量的值。这个值越接近 1，说明需求故事卡片设计得越完善，产品经理的产出物质量越好。

验卡成功率指在测试左移时，在验卡阶段，每次顺利将需求故事卡片移入看板中测试人员负责的泳道的概率。如果验卡失败，那么需要开发工程师完善实现后再次验卡，那么这就不算验卡成功，因此验卡成功率是第一次顺利进入测试人员负责的泳道的需求故事卡片数量除以进入验卡阶段的需求故事卡总数量的值。这个值越接近 1，说明研发工程师实现的代码越完善，并且符合需求故事卡片的要求。

SonarQube 技术债主要包含缺陷、漏洞、代码异味、代码密度、圈复杂度。这些都是按照组织约定统一承诺要遵守的规范而定义的，因此一旦出现了类似的技术债务，就说明有未遵守组织约定的代码。因此，按照严重级别从高到低 SonarQube 技术债分为阻塞级、严重级、主要级、次要级、提示级。项目中缺陷、漏洞、代码异味越少，或者技术债务的级别越低，项目的静态质量越好。

代码密度主要说明代码有多少是重复的，过多的重复说明项目应该进行代码抽象，需要重新设计。因此代码密度稍微低一点好，但也没必要追求该指标必须是零。

圈复杂度也叫条件复杂度，用来表示程序的复杂度。它用于衡量一个模块判定结构的复杂程度，数量上表现为独立路径数，也可理解为覆盖所有可能情况最少使用的测试用例数。圈复杂度大说明程序代码的判断逻辑复杂，可能质量低且难于测试和维护，因此圈复杂度低有助于交付质量更好的系统。

单元测试毋庸置疑是分层测试的第一层测试，通过代码覆盖率评价，在这里行覆盖率和分支覆盖率是比较常用的判定条件。其他覆盖率也并非不可取，若既关注行覆盖率，又关注分支覆盖率，则说明单元测试是一个既能满足每一行都覆盖也能满足每一个逻辑分支都覆盖的测试。在实际项目中，分支覆盖率最好达到 100%。除非有一些异常捕获、预留代码、工具生成代码，否则不可以放宽标准。行覆盖率要达到 60%～80%，但是该指标根据团队和开发的逻辑复杂度而定，并非一概而论。

线下缺陷指开发过程中发现的缺陷。这里的开发过程中指制品中代码编译打包后对外提供服务的阶段，该阶段的缺陷分为致命、严重、一般、建议 4 个级别，按照严重级别分别进行统计。这里并不是说这个过程中的缺陷数越少越好，这就如同一个测谎指标一样，收集这些数据的目的是证明制品交付过程中的质量保障手段是行之有效的。

线上缺陷指系统上线后出现的缺陷。这个阶段的缺陷有可能是客户发现的，也有可能是制品交付团队的成员发现的，按严重程度同样分为致命、严重、一般、建议 4 个级别。在交付系统的过程中，团队都希望交付的系统没有问题，因此对于线上缺陷，还以追求零缺陷为目标。

发布失败率指在发布新的变更的时候，无论是人工发布还是流水线自动发布，都希望一次发布成功而不是发现发布失败和修复问题后发布。这里的发布既包含一次全量发布，也包含灰度发布。灰度发布仅提高客户感知的系统质量，并没有从真正意义上提高发布成功的次数。发布失败率是由第一次发布失败的次数除以共发布的版本数量而得出的。团队当然希望一次交付成功，因此对于该指标所有团队也都以零为目标。

缺陷探测率（Defect Detection Percentage，DDP）是一个计算指标，由线下缺陷除以线下缺陷和线上缺陷之和得出。DDP 越高，说明测试者发现的缺陷越多，发布后客户发现的缺陷就越少，实现了越早发现问题解决成本越低的改进目标，达到了节约总成本的目的。因此，高缺陷探测率是团队追逐的目标。但是在测试中，若缺陷探测率超过 95%，每提升 1%的覆盖率，基本成本就翻一倍，因此在具体度量指标的选取上还需要更加慎重。

线下缺陷解决率指测试工程师发现的缺陷在系统发布变更前修复的比例，由已经修复的缺陷数量除以总共发现的线下缺陷数量得出。这个指标主要衡量度量团队交付制品的过程中遗留问题解决的比例，该比例越接近于 1 越好。

线下缺陷遗留数指一直存在但是并不修改的轻微缺陷的数量，该指标主要用于评估上线风险。当然，每个团队都希望每次迭代中该指标为零。

平均无故障时间指在正常运行过程中，系统从一个故障到下一个故障经过的预期时间。平均无故障时间用总运行时间除以失败次数得出，主要用于预见故障，但不考虑因定期维护或例行预防性升级而停机的服务。平均无故障时间衡量可用性和可靠性。平均无故障时间越长，系统在发生故障前运行的时间就越长。假设系统在上线后的 100h 中，发生了 3 次故障，导致 10h

内无法对外提供服务，那么平均无故障时间为(100h-10h)/3=30h。

关于缺陷密度，常用的指标是千行代码缺陷率。计算方法是缺陷数量除以变更代码行数，前面已经介绍过这个不好的度量指标，这里为什么还要推荐呢？这是因为在整个度量指标的选取中设计了"测谎题"——每天向主干合并的次数、发布分支不可发布的时间、每人每天修改的代码行数、每人每天提交代码的次数等指标，这会让千行代码缺陷率变成一个有意义而且方向正确的度量。

平均代码变更前置时间指一次代码变更从提交到部署所需的平均时间，即一次代码变更从提交到部署所需的时间的总和除以变更次数的值。在当前自动化流水线的支持下，一般仅需分钟级别的时间就可以完成从提交到部署的过程，通常不会超过 30 分钟，如果时间很长，到了小时级别，说明迫切需要改进以提高效率。这个指标也越小越好，但是肯定不会等于零。

平均构建排队时间指代码变更在执行构建之前的等待时间，由变更提交后排队等待构建时间的总和除以提交变更的次数得到。这个指标高度依赖组织规模，以及并行开发的特性数量。长时间的排队会造成成本的浪费，因此团队希望该指标越小越好。

每天向主干合并的次数用于说明开发人员完成需求故事卡片的速度。该指标并没有好坏之分，但是团队希望该指标的值相差不大，这样可以保证持续交付变更。这个度量指标大部分情况下小于 1。

平均发布分支不可发布的时间主要用来衡量主干间隔多久才可以发布，并为研发效能的提高提供有力的依据。这个时间越短说明代码可发布的窗口期越长，交付的制品质量越好，流水线的流畅度越高。

每人每天修改的代码行数用于衡量团队的平均生产效率，主要作为其他指标的"测谎题"而存在。例如，Facebook 的 Android 和 iOS 开发工程师平均每人每天分别编写 70 行代码和 64.7 行代码，如果某天忽然增加了大量代码，那么就要考虑是否有人复制了大量代码，或者加入了很多无用的代码。

与每人每天修改的代码行数类似，每人每天提交代码的次数也是一个"测谎题"。例如，Facebook 的 Android 与 iOS 开发工程师每人每天分别平均提交代码 0.7 次和 0.8 次。

制品交付过程中的需求变更次数指在已经进入在制品（在制品原本表示工业企业正在加工生产但尚未制造完成的产品，在 IT 项目中，指在进入迭代的产品）的需求中，如果要发生变更比就会付出一些额外的成本，该指标可以导致成本浪费的次数增加。

每次发布包含的平均故事卡片数可以帮助衡量团队每次迭代的制品交付速率，方便评估团队的容量。

每次发布包含的平均代码变更行数用于评估项目的复杂程度和维护难易度，也可作为"测谎题"。

每次上线补丁的个数指每次发布版本后到下一次发布版本前，因为修复缺陷、维护数据、修复故障等为系统提供补丁的总个数。

平均修复时间指修复系统并将其恢复到完整功能所需的时间。这包括修复时间、测试时间和恢复正常工作状态所需要的时间周期。平均修复时间由维护时间总和除以维护次数得到。平均修复时间用来衡量系统的可用性。平均修复时间越短，说明系统可用性越高。

上述指标只是一些度量质量的常用指标，并非必要的指标，应根据实际情况选取，否则就会出现古德哈特定律和麦克纳马拉谬误那样的错误。

6.2　有效的质量运营

质量运营是针对质量的运营，旨在将运营思路应用到质量评估和改进工作中。质量运营着眼于全生命周期，站在质量的角度，通过度量的手段，以数据为驱动，以持续测试质量保证体系为基础，最终目的是提升制品的质量。

质量运营必须站在质量度量的基础之上，只有在多维度的质量度量的基础之上才能发现各种质量隐患，通过度量数据提前暴露质量问题。质量运营就是基于这些质量问题找到可能的解决方案，制订改进计划并推动解决，然后对其进行阶段性的复盘及改进。这些主要也是通过 PDCA 循环（戴明环）解决的。

PDCA 由 4 个单词的首字母组成，这 4 个单词分别是 Plan（计划）、Do（执行）、Check（检查）和 Act（处置）。PDCA 循环就按照上述顺序进行质量管理。其中，计划指确定方向及要达到的目的，制订活动的计划；执行就是实施，实现计划中要完成的内容；检查是在执行完计划之后，检查效果，并找出其中的问题；处置就是对检查的结果进行处理，对成功的经验加以肯定并适当推广、标准化，对失败的教训则加以总结，以免重现，未解决的问题放到下一个 PDCA 循环。PDCA 循环如图 6-1 所示。

当团队发现质量问题时，通过进入 PDCA 循环实现质量改进，从而完成质量运营的工作内容。质量运营中的 PDCA 循环如图 6-2 所示。

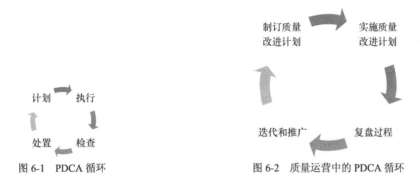

图 6-1　PDCA 循环　　　　图 6-2　质量运营中的 PDCA 循环

1. 制订质量改进计划

质量改进计划的制订是质量改进过程的第一步，也是关键的一步。根据以下改进思路，制订计划。

既然制订改进计划不仅是质量运营的第一步，还是很重要的一步，那么在制订质量改进计划时就可以采用解决质量痛点或者设立质量目标两种方式。解决质量痛点是指针对已经发现的质量痛点进行复盘，找出问题的根本原因，然后设定改进方案；设立质量目标是指依据组织级的管理目标制定质量目标，然后将总体的质量目标分解为团队中每个人的质量目标，从而设立一个可执行的目标实现计划。

针对不同阶段的项目，解决质量痛点和设立质量目标两种方法适用于不同的情况。对于一个新项目，通常牺牲质量以适应快速的业务变化，因此这类项目的质量痛点多，采用解决质量痛点的方式更好。随着支持的业务的不断成熟，项目功能逐渐成熟，质量也变得相对成熟，因此通过制定质量目标设立改进计划更合适。但是这两种方法也并非非此即彼的关系，两者也可同时使用。

2. 实施质量改进计划

在实施质量改进计划时，主要依据质量改进计划，通过关注每日的度量指标，通过不断度量保障每日的指标都是符合要求的。如果质量改进计划是为了解决某一个质量痛点而制订的，就要重点观察反映该痛点的度量指标，收集相关数据；如果质量改进计划是为了实现质量目标而制订的，那么要关注全盘的度量指标，收集、整理全部异常数据，以便观察质量债务的偿还情况。

3. 复盘过程

质量运营中的重要环节之一就是复盘。复盘的主要工作内容是回顾改进的效果，以便发现改进的问题。复盘包含总结形式和会议形式两种方式。总结形式包括周报、月报类的定期反馈，通过持续的反馈达到持续改进的效果。会议形式包括周会、月会、总结会等需要相关人参与的反馈活动，要求参与人发挥主观能动性，积极反馈问题并参与讨论。

4. 迭代和推广

如果质量改进目标达成，那么说明质量运营发挥了作用，可以推广了。这也需要有一个合适推广的总结，如形成方法论形式的规范、流程，或者沉淀为平台，为在团队大面积推广奠定基础。如果质量运营的效果不好，需要在复盘会上再次分析问题的根本原因，针对根本原因制订计划，再次进入 PDCA 循环。

6.3　小结

　　质量运营建立在正确的质量度量的基础之上，正确的度量才能促使正确的改进，因此一切改进的基础都是建立正确的质量度量指标。要度量质量就要从质量和效率两个方面着手，因为任何一种生产工艺都不会因为质量而完全牺牲效率，都在保障质量的前提下兼顾效率。也没有只要效率不要质量的生产流水线，如果流水线交付的产品质量有问题，那么提高效率会在加快残次品的生产速度。因此，质量和效率是相互制约、相互依存的。

第7章　持续测试下测试工程师的自我修养

在持续测试不断实施的情况下，测试方法论、测试实践、测试技术都在快速发展和迭代，因此对于每一位测试工程师来说，持续学习就变成一个不得不说的话题。下面将从测试理论基础知识点出发，介绍持续测试下测试工程师的自我修养。

7.1　测试理论基础的必要性

本节从一道面试题开始，面试题目如下。

假设我是北京地铁运营方的业务方，这一年在整理客户留言时发现用户对在北京地铁西单站设立自动饮料售卖机的需求特别强烈，因此我们内部商议后决定在该地铁站的地下刷卡机边放一台自动饮料售卖机。如果让你完成该任务的测试工作，你会如何设计这个测试方案呢？

看完这道题目，其实第一感觉并不难。下面给出了两位面试人员的回答。

小明看到题目中的"自动饮料售卖机"后，就开始绞尽脑汁地在思考怎么买饮品，因此他的回答主要是饮品售价有 1 元、1.5 元、5 元等，投入 1 元、5 元、10 元、20 元、100 元等，然后再指出投入的有硬币、纸币等，最后补充了对扫码付款、声波付款、NFC 付款等付款方式的测试。

大明在上述题目中看到了业务的场景，首先站在系统的角度思考了自动饮料售卖机的用户，这里面包含了两类用户，一类是购买饮料的用户，另一类是维护者。自动饮料售卖机有很多常规维护流程，这里既包含机器的日常维护也包含货物的补充，这两种维护者都是系统的参与者。因此，站在不同系统参与者的角度，大明的答案既包含小明的内容，又包含站在系统维护者的角度设计的测试用例。

从内容上不难看出大明的回答会更好，但是大明的回答也不合理。大明和小明的答案都仅停留在功能特性上，一名合格的测试工程师在着手设计一个项目的测试时，首先应该站在系统参与者的角度设计功能特性的测试用例，其次应该站在系统的非功能特性的角度给出系统的可靠性、兼容性、性能效率、安全性等方面的测试设计，这样才能给出一个完善的测试方案。

对于上面这道开放的面试题，出题者更加希望得到的回答是一个站在质量特性角度的测试方案，而不是一个站在用户角度的测试方案。因此，我们可以设计一些关于摆放位置和刷卡机的物理位置的一些测试点、与服务连续性相关的测试、机器出现故障后的一些故障回溯方面的测试，并考虑地下这个条件约束的自带照明等外部因素对系统的要求。

虽然面试者在努力思考该面试题，但是面试者对测试的认识还浮于表面，并没有建立一套测试体系。每一个测试工程师都应该建立一套测试体系，该测试体系既要包含测试方法论也要包含测试技术实现。测试体系应该兼有方法和实践——既兼顾测试方法论的理论指导，也兼顾测试技术、实践方法论的落地。

最近几年，测试自动化、测试智能化的发展受到了测试行业的广泛关注。随便找一个测试工程师的招聘岗位描述，我们都会发现有自动化测试、测试技术的要求。这是因为在当前敏捷开发模式之下，手动测试变成了整个交付流程中严重影响工程效率的一个环节。因此，用自动化测试、智能化测试来提高质量效能从而提高工程效能变成了当下的共识。

然而，在手工测试中，人工设计测试步骤和测试数据，人工执行测试步骤验证并测试预期，最后给出测试结论。在自动化测试的实现过程中，人工设计测试脚本和测试数据，机器执行测试步骤，验证测试预期，人工查看测试报告，出具测试结论。在一些成熟度较高的智能化测试框架中，机器设计测试步骤和测试数据，机器执行测试步骤并验证测试预期，机器完成测试结果的收集及测试结论的出具。

因此可以看出，两者的区别仅在于是人还是机器完成了测试，但是完成测试的每一个环境没有变化，这就是测试体系的内容。测试的发展路径如图 7-1 所示。

图 7-1　测试的发展路径

纵观软件测试行业的发展，从手动测试到自动化测试再到敏捷测试。在手动测试时期，测试理论得到了快速发展，各种测试模型、测试设计方法不断更新迭代。随着被测系统规模和复杂度的提升，手动测试的耗时和项目交付工期之间的冲突推动了自动化测试的快速发展。在这个时期，人们提出了分层测试理论并不断优化相关理论，测试框架及相应的自动化测试设计模式也有了一定发展。

现在，项目的快速迭代需求催生的敏捷测试又推动了流水线、探索测试等一系列优秀工程实践的出现。但是这一切发展的最终目的都是更好、更快地完成测试工作，都依托测试体系的各种实践。要建立测试体系，就要有一个体系化的理论依据，而非凭空想象。前面介绍过质量模型的发展，这就是测试体系的理论基础。

GB/T 25000 中的八大质量特性如图 7-2 所示。其中包含功能性、性能效率、兼容性、易用性、可靠性、信息安全性、可维护性以及可移植性，这是验证一个系统或者软件的质量的 8 个方面。

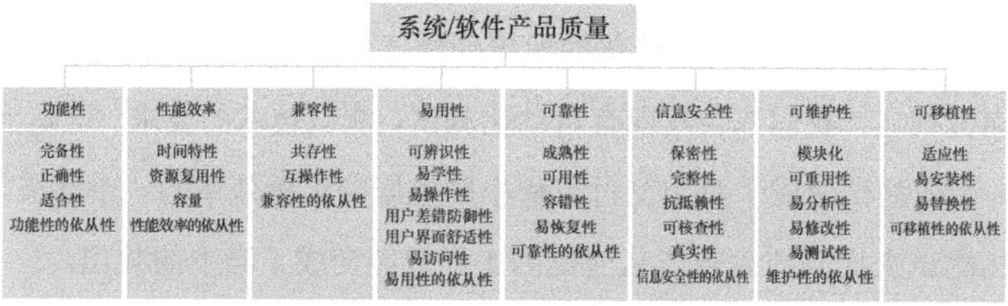

系统/软件产品质量

功能性	性能效率	兼容性	易用性	可靠性	信息安全性	可维护性	可移植性
完备性	时间特性	共存性	可辨识性	成熟性	保密性	模块化	适应性
正确性	资源复用性	互操作性	易学性	可用性	完整性	可重用性	易安装性
适合性	容量	兼容性的依从性	易操作性	容错性	抗抵赖性	易分析性	易替换性
功能性的依从性	性能效率的依从性		用户差错防御性	易恢复性	可核查性	易修改性	可移植性的依从性
			用户界面舒适性	可靠性的依从性	真实性	易测试性	
			易访问性		信息安全性的依从性	维护性的依从性	
			易用性的依从性				

图 7-2　GB/T 25000 中的八大质量特性

依托质量特性，总结出一个系统需要满足的具体要求，这就是测试验证的目标。测试体系如图 7-3 所示。

质量特性之上就是测试方法，这里包含测试用例设计、自动化测试技术、稳定性测试技术、测试环境准备、测试结果分析及故障诊断等。如果需要验证被测系统的质量特性，我们通过测试方法可以知道如何构造验证条件，以及如何正确地验证。

图 7-3　测试体系

测试方法之上是测试策略。这里既包含测试方法论、测试体系规范、测试生命周期管理，也包含测试左移、测试右移。测试策略在软件开发生命周期中起作用，约束了在什么阶段用什么手段验证哪一个质量特性，这其实是组织过程知识体系中的内容，但是也是测试体系中不可或缺的一部分。

7.2　接纳并尝试新技术

测试技术伴随着测试需求的不断变化而发展，自动化测试是为了解决一些更难以达到的测试效果而出现的。最早被测试行业认识的自动化测试工具是性能测试工具，典型代表为 LoadRunner。

随着行业的不断发展，测试技术逐渐地应用于多个领域，并且逐渐开源化。现在，开源的性能测试工具、自动化接口测试平台、自动化 UI 测试框架已经广泛存在。这说明测试技术越来越受到行业的重视。

随着 DevOps 的快速发展，越来越多的公司开始关注工程效能，亚马逊公司一天 5000 万次部署的神话，就是依靠 DevOps 的实践创造的。其中，除大家耳熟能详的持续集成、持续交付及持续部署之外，还有隐藏的持续测试。

构建的流水线顺利完成交付后，系统质量保障环节的人工化就变成一个制约工程效能的痛点，这促进了很多自动化测试技术的发展。自动化技术发展到一定的阶段必然会促进测试的平台化，测试的平台化会促进智能化测试的发展，这其实也是测试行业自驱的过程。

虽然测试技术的发展与持续测试的进步是行业自驱的结果，但是并不是每一个测试工程师都是新技术、新方法的贡献者。每一个测试工程师都要努力成为质量保障行业的跟随者。当有新技术、新方向出现时，要先学习，学习新技术是什么，解决了什么问题，如何使用，然后再考虑这个新技术是不是适合应用到当前的工作中，这就是所谓的跟随。

1. 获取新的技术

在开始跟随新技术之前，要先知道新技术的出现，获取新技术的最好途径是国内的各大技术论坛、技术微博、公众号等，我们也可以通过一些国外的技术博客获取一些信息。

多参加国内的技术沙龙、会议会非常有帮助，当今国内技术氛围特别浓郁，在这些活动上我们可以学到很多新思路，而每一个新思路对于测试工程师来说都是有价值的。

2. 学习了解使用方法

第一次了解到某一项新技术时，要先看使用文档，了解它能做什么，也就是能解决什么问题。然后尝试按照快速学习手册使用一下该技术，以了解它是如何解决问题的。同时，在实际使用对应的技术后，我们会对这项新技术有更具体的认知。

3. 了解解题思路

如果新技术涉及一个开源项目，并不提倡直接查看源代码，因为要理解一个项目的源代码的时间成本非常高。推荐测试工程师通过文档了解他人是如何解决对应问题的，这样就从如何使用的认知阶段迈进原理的认知阶段。根据这些基础知识，我们就可以初步判断这个新技术是不是可以应用到当前的工作中，如果可以，那么就要好好研究一下源代码。

4. 新技术的解题思路

如果一项新技术并不能解决实际工作中的问题，那其解题思路对于测试工程师来说应该会比这个新技术更加有价值。在做技术的跟随者的过程中，我们每一个人其实一直都坐在技术的战车上，当技术的战车不断在赛场上奔驰时，只要已经上车，就不会被远远地甩在后面。

如果最近三年内你有过求职经历或者求职的想法，相信你肯定发现测试技术越来越受到企业招聘者的重视。这其实体现了工程效能快速提高的需求和落后工程生产力之间的矛盾。只有这种矛盾越来越突出，才会有更多团队开始着眼于解决落后的工程生产力的问题。

测试技术属于工程生产力的一部分，是质量保障的重要组成部分之一，因此测试技术才会受到越来越多团队的追捧。既然未来测试职业要求的方向会越来越偏向技术，你就应该作为一个技术跟随者一直紧跟技术的发展。

不要鼓吹自动化测试编码、性能测试技术、框架设计而忽略测试基本功。测试基本功要扎实，例如，对于测试用例设计方法中的等价类划分法、因果图法、场景法、边界值法等，只要知道名称，不知道如何使用，这就如同开发工程师只知道怎么声明变量，怎么写逻辑代码段，但是不懂设计模式、算法。这样做出来的项目最多是一个课程实践，还不能到达实际交付工程的要求。

附录 A　性能测试并发用户数估算方法

在性能测试中，并发用户数不是随便决定的，在估算并发用户数时，应秉承"系统证据大于数学估算"的原则。也就是说，如果被测系统主要对外提供服务，系统当前的最大并发用户数可以从系统入口设备或入口服务的日志系统中获取，基于真实可靠的数据，再根据性能测试的需求进行扩大，才是并发用户数的最优估算方法。但是，这种估算方法很少采用，因为测试工程师在做性能测试时，面对的通常是全新的系统，此时的系统尚未对外提供服务。

面对全新的系统，测试工程师最需要收集的就是对估算并发用户数有用的那些数据，如系统上线后可能的用户数、是否有集中"抢购"模型和"抢购"人员的规模等。在收集到大量有助于估算并发用户数的数据后，我们便可以通过下面要介绍的估算方法计算并发用户数。但是，下面这些行业内通用的估算方法也不完全正确，n 级别的并发是否支持 m 级别的用户是由被测系统的逻辑、环境部署方式及硬件等综合因素决定的。

A.1　和 Little 定律等价的估算方法

若一种估算方法基于某种数学原理，大家会觉得这种估算方法的可信度非常高。Eric Man Wong 在 2004 年发表的文章"Method for Estimating the Number of Concurrent Users"中提出了一种和 Little 定律等价的估算方法。

平均并发用户数（C）和并发用户数的峰值（C'）的计算公式分别如下。

$$C = nL/T$$

$$C' = C + 3\sqrt{C}$$

其中，n 表示登录会话的数量，L 表示登录会话的平均长度，T 表示考察的时间长度。

例如，假设系统 A 有 3000 个用户，平均每天有 400 个用户访问系统 A（可从系统日志中获得）。一天之内，用户从登录到退出系统 A 的平均时间为 4 小时，并且用户使用系统 A 的时间不会超过 8 小时。此时，平均并发用户数 $C = 400 \times 4/8 = 200$，并发用户数的峰值 $C' = 243$。

A.2 影响因子

在绝大多数场景下，使用影响因子（用户总数/统计时间，一般为 3）估算并发用户数。以乘坐地铁为例，假设地铁每天的客流量为 5 万人次，每天早高峰是 7～9 点，晚高峰是 18～19 点。

根据二八原则，80%的乘客会在高峰期间乘坐地铁，因而每秒到达地铁检票口的人数为

$$50\,000 \times 80\%/10800 \approx 3.70 \approx 4$$

考虑到安检、地铁入口关闭等因素，实际每秒聚集在检票口的乘客不会少于 4 名，假定每名乘客需要 3s 时间才能进站，那么实际的平均并发用户数 $C = 4 \times 3 = 12$。影响因子可以根据实际情况适当增大。

A.3 二八原则

假设一个网站每天的 PV（Page View，页面浏览量）为 1000 万，根据二八原则，1000 万 PV 中的 80%是在一天的 9 小时内完成的（人的精力有限），因此 TPS（Transactions Per Second，每秒事务数）为

$$10\,000\,000 \times 80\%/32400 \approx 246.91$$

影响因子取 3，平均并发用户数为

$$C=246.91\times3=740.76\approx741$$

A.4　经验评估法

一些经验丰富的性能测试工程师依据自己的经验统计，给出了平均并发用户数（C）与系统最大在线用户数的关系：平均并发用户数等于系统最大在线用户数的 8%～12%。

假设某系统的最大在线用户数是 1000，在进行性能测试时，可结合该系统提供的业务服务，设置平均并发用户数介于 80 和 120，这样就可以实现该系统 1000 人同时在线的性能评估了。

上面介绍的每一种估算方法并不是估算并发用户数的万能方法。在使用过程中，测试工程师仍需要结合项目的真实情况，找出更适合自己系统的估算方法，从而更客观地评估系统性能，在不过度测试的同时保障系统的质量。

附录 B HTTP 代理工具

B.1 Fiddler

B.1.1 截获 HTTPS 请求

启动 Fiddler，在菜单栏中选择 Tools→Options 选项，打开 Options 对话框，选择 HTTPS 选项卡，按照图 B-1 进行设置。

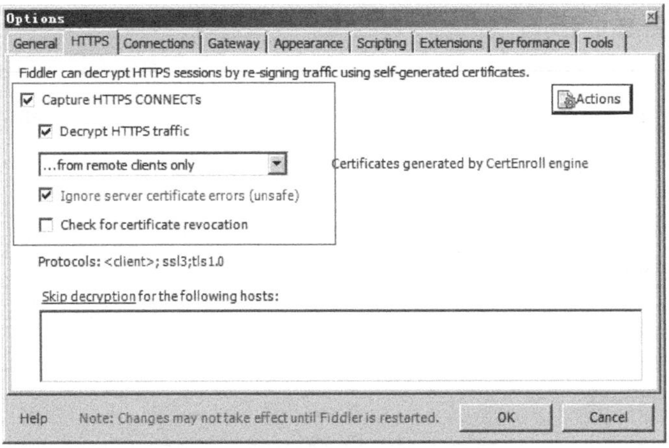

图 B-1 设置如何截获 HTTPS 请求

单击 Options 对话框右侧的 Actions 按钮，从弹出的列表中选择 Export Root Certificate to Desktop 选项，如图 B-2 所示。

导出成功后，将显示图 B-3 所示的提示信息，单击"确定"按钮。

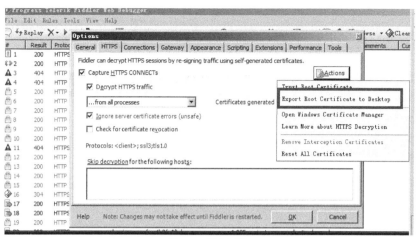

图 B-2　导出证书

图 B-3　导出成功的提示信息

打开浏览器（以 Google Chrome 为例），进入浏览器设置界面，选择高级设置区域的"管理证书"选项，如图 B-4 所示。

图 B-4　选择"管理证书"选项

在弹出的"证书"对话框中，单击"导入"按钮，如图 B-5 所示。

选择桌面上的 FiddlerRoot.cer 文件，单击"下一步"按钮，启用证书导入向导，如图 B-6 所示。

图 B-5　导入证书

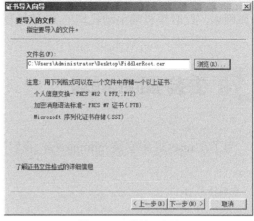

图 B-6　证书导入向导

按照证书导入向导的提示连续单击"下一步"按钮，即可截获 HTTPS 请求。

B.1.2　截获手机请求

启动 Fiddler，在菜单栏中选择 Tools→Options 选项，弹出 Options 对话框，选择 Connections 选项卡，按照图 B-7 进行设置，用于截获手机请求。

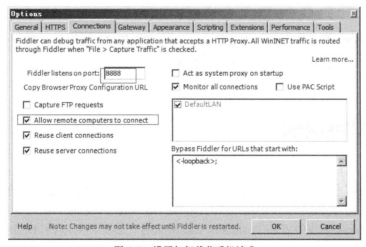

图 B-7　设置如何截获手机请求

然后，在手机端的 WLAN 配置部分设置手动代理。其中，IP 地址与运行 Fiddler 的计算机的 IP 地址一样，端口号为 8888。注意，手机必须和运行 Fiddler 的计算机在同一局域网内。我们可以使用像猎豹 Wi-Fi 这样的软 Wi-Fi 共享软件来保证手机和运行 Fiddler 的计算机在同一局域网内，此时手机端手动代理的 IP 地址默认为 192.168.191.1。

B.2　安装 mitmproxy

为了在 macOS 中安装 mitmproxy，我们需要打开终端，并执行代码清单 B-1 所示的命令。

代码清单 B-1

```
brew install mitmproxy
```

为了在 Ubuntu 系统中安装 mitmproxy，我们需要进入 Shell 控制台，并执行代码清单 B-2 所示的命令。

代码清单 B-2

```
sudo apt install mitmproxy
```

至于安装 mitmproxy 的其他 Linux 发行版本，从 GitHub 官网上下载相应的安装包，解压即可。

为了在 Windows 系统中安装 mitmproxy，下载 mitmproxy 安装包并双击，然后根据提示，连续单击“下一步”按钮就可以，此处不再赘述。

B.3　安装 Postman

Postman 安装文件在其官网下载，请读者根据自己使用的平台下载相应的安装包。

为了在 Windows 系统中安装 Postman，下载相应的安装文件并双击，根据提示连续单击“下一步”按钮即可。安装成功后，“开始”菜单中将出现 Postman 的快捷启动图标。

为了在 macOS 中安装 Postman，下载相应的安装压缩包并解压，双击 Postman 安装文件，在弹出的界面中单击 Move to Applications Folder 按钮，如图 B-8 所示，按照提示操作即可。

图 B-8　单击 Move to Applications Folder 按钮

　　为了在 Ubuntu 系统中安装 Postman，下载其二进制分发包，然后解压即可。要启动 Postman，进入解压目录并双击其中的 Postman 图标。

附录 C　关于 HTTP 应知应会的知识

HTTP 全称为 Hyper Text Transfer Protocol（超文本传输协议），是应用层协议（TCP/IP 模型的四层分别为应用层、传输层、链路层和网络层）；HTTPS（Hypertext Transfer Protocol Secure，超文本传输安全协议）是 HTTP 的安全保护版本。HTTPS 就是 HTTP 和 SSL 层的结合体，HTTPS 的安全基础是 SSL（Secure Sockets Layer，安全套接字层），HTTPS 是为网络通信提供安全及数据完整性的一种安全协议，因此加密的详细内容就需要用到 SSL。在协议的传输和使用上，HTTP 和 HTTPS 对于测试而言没有任何区别，因此下面将以 HTTP 为例进行讲解。

HTTP 具备无状态、无连接的特点。无状态指事务处理没有记忆能力。无连接指 HTTP 客户端和服务端在一次交互过程中只处理一个请求。在一个 HTTP 交互过程中，客户端要告诉服务端这是一个什么样的 HTTP 请求。请求消息的格式要求如代码清单 C-1 所示。

代码清单 C-1

```
1   首行#开始标记#
2   GET http://viptest.net/ HTTP/1.1
3   首行#结束标记#
4   头部#开始标记#
5   Host: viptest.net
6   Connection: keep-alive
7   Upgrade-Insecure-Requests: 1
8   User-Agent: Mozilla/5.0 (Windows NT 6.1) AppleWebKit/537.36 (KHTML, like Gecko)
    Chrome/68.0.3440.106 Safari/537.36
```

```
 9  Accept: text/html,application/xhtml+xml,application/    xml;q=0.9,image/webp,
    image/apng,*/*;q=0.8
10  Accept-Encoding: gzip, deflate
11  Accept-Language: zh-CN,zh;q=0.9,en;q=0.8,la;q=0.7,ja;q=0.6
12  Cookie: pgv_pvi=6676973568
13  头部#结束标记#
14  后面的内容就是正文
```

从上面的示例中可以看到,一个 HTTP 请求包含首行、头部(header)和正文(body)。在首行我们就明确了 HTTP 的请求方法,如上例中是一个 GET 方法。其实除 GET 方法以外,还有 POST、PUT、DELETE、OPTIONS、HEADER 等方法。我们在工作中常用的就是 GET 和 POST 两种方法。下面针对这两种方法进行介绍。

GET 方法主要从服务器端获取资源,参数是在 URL 中发送出去的。GET 方法的特点如下:

❑ GET 请求可缓存;

❑ GET 请求保留在浏览器历史记录中;

❑ GET 请求可收藏为书签;

❑ GET 请求不应在处理敏感数据时使用;

❑ GET 请求有长度限制(现实中由 URL 长度约束而非参数长度约束);

❑ GET 请求只应当用于取回数据。

POST 方法主要向指定资源提交数据并请求处理,POST 的特点如下:

❑ POST 请求不会缓存;

❑ POST 请求不会保留在浏览器历史记录中;

❑ POST 不能收藏为书签;

❑ POST 请求对数据长度没有要求。

表 C-1 展示了请求-响应的状态码。

表 C-1　请求-响应的状态码

分类	状态码	名称	描述
消息	100	Continue	表示客户端应继续发出请求
	101	Switching Protocols	表示服务器应根据客户端发出的请求切换协议，但只能切换到更高级的协议，如切换到 HTTP 的新版协议
	102	Processing	由 WebDAV（RFC 2518）扩展的状态码，表示处理将继续进行
成功	200	OK	表示请求已成功，希望的响应头或数据体会随响应返回
	201	Created	表示请求已实现，另一个新的资源已根据请求的需要而建立，这个资源的 URI 已随 Location 头信息返回。如果请求需要的资源无法及时建立，那么应返回"202 Accepted"
	202	Accepted	表示请求已接受，但服务器尚未执行任何操作
	203	Non-Authoritative Information	表示请求虽然已成功，但返回的 meta 信息并非来自原始服务器，而来自资源的副本
	204	No Content	表示服务器虽然成功处理了请求，但并未返回内容，用于在未更新网页的情况下，确保浏览器继续显示当前文档
	205	Reset Content	表示请求处理成功，但用户终端（如浏览器）应重置文档视图，用于告诉浏览器清除页面上的所有表单元素
	206	Partial Content	表示服务器成功处理了部分请求
	207	Multi-Status	由 WebDAV（RFC 2518）扩展的状态码，表示之后的消息体将是 XML 消息，并且有可能因为子请求数量的不同，包含一系列独立的响应代码
重定向	300	Multiple Choices	表示请求的 URL 指向多个资源，此时会有一个列表供客户端（如浏览器）选择资源
	301	Moved Permanently	表示请求的资源已被永久移到新的 URI，并且返回的信息中包含新的 URI，此外浏览器也会自动重定向到新的 URI，之后所有新的请求都将使用新的 URI
	302	Found	与状态码 301 类似，但资源只是临时被移动，客户端仍继续使用原 URI
	303	See Other	与状态码 301 类似，可以使用 GET 和 POST 请求查看其他地址
	304	Not Modified	表示请求的资源未修改，服务器在返回状态码 304 时，不会返回任何资源。客户端通常会缓存访问过的资源，并通过提供头信息指出客户端希望只返回在指定日期之后发生修改的资源
	305	Use Proxy	表示请求的资源必须通过代理进行访问
	306	Unused	状态码 306 已不再使用
	307	Temporary Redirect	与状态码 302 类似，但使用 GET 请求进行重定向

续表

分类	状态码	名称	描述
请求错误	400	Bad Request	表示语义有误，服务器无法理解当前请求。除非对当前请求进行修改，否则客户端不应重复提交
	401	Unauthorized	表示要访问请求的资源，首先应进行身份认证
	402	Payment Required	状态码 402 是为将来预留的，尚未使用
	403	Forbidden	表示服务器虽然理解请求，但是拒绝进行处理
	404	Not Found	表示服务器无法根据客户端的请求找到资源，网站设计人员通常会设置像"您所请求的资源无法找到"这样的个性页面
	405	Method Not Allowed	表示客户端请求中的方法已禁止
	406	Not Acceptable	表示服务器无法根据客户端请求的内容完成请求
	407	Proxy Authentication Required	与状态码 401 类似，但是应使用代理进行授权
	408	Request Timeout	表示请求超时。客户端没有在服务器预定的时间内完成请求的发送，但客户端可以随时再次提交请求而无须进行任何更改
	409	Conflict	表示服务器在处理请求时发生资源冲突
	410	Gone	表示客户端请求的资源已不存在。但状态码 410 不同于状态码 404：如果资源以前有但现在被永久删除，那么可以返回状态码 410。网站设计人员可通过状态码 301 指定资源的新位置
	411	Length Required	表示服务器无法处理客户端发送的不带 Content-Length 的请求信息
	412	Precondition Failed	表示客户端请求信息的先决条件失败
	413	Request Entity Too Large	表示请求体过大，服务器无法处理，因此拒绝请求。为了防止客户端连续发送请求，服务器可能会关闭连接。如果服务器只是暂时无法处理请求，那么将会返回包含 Retry-After 的响应信息
	414	Request URI Too Large	表示请求的 URI 过长（URI 通常为网址），导致服务器无法处理
	415	Unsupported Media Type	表示服务器无法理解或支持客户端请求的内容类型，因此拒绝请求
	416	Requested Range Not Satisfiable	表示客户端请求的范围无效
	417	Expectation Failed	表示服务器无法满足用户在请求的 Expect 部分指定的预期内容
服务器错误	500	Internal Server Error	表示服务器遇到不曾预料的错误，导致无法完成请求的处理。一般来说，仅当服务器端的源代码出现错误时才会返回状态码 500
	501	Not Implemented	表示客户端发起的请求超出服务器的能力范围，如使用服务器不支持的请求方法
	502	Bad Gateway	表示当作为网关或代理工作的服务器尝试处理请求时，从上游服务器接收到无效响应
	503	Service Unavailable	表示由于超载或系统维护，服务器暂时无法处理客户端请求，延时数据包含在服务器的 Retry-After 头信息中

续表

分类	状态码	名称	描述
服务器错误	504	Gateway Timeout	表示当作为网关或代理工作的服务器尝试处理请求时，未能及时从上游服务器（使用 URI 标识的服务器，如 HTTP、FTP、LDAP 服务器等）或辅助服务器（如 DNS 服务器）接收到响应
	505	HTTP Version Not Supported	表示服务器不支持或拒绝支持客户端请求中使用的 HTTP 版本，这暗指服务器不能或不想使用与客户端相同的 HTTP 版本

表 C-2 展示了 HTTP 请求头。

表 C-2　HTTP 请求头

HTTP 请求头	作用	示例
Accept	指定客户端能够接收的内容类型	Accept: text/plain, text/html
Accept-Charset	指定浏览器可以支持的字符编码集	Accept-Charset: iso-8859-5
Accept-Encoding	指定浏览器可以支持的 Web 服务器所返回内容的压缩编码类型	Accept-Encoding: compress, gzip
Accept-Language	指定浏览器可以支持的语言	Accept-Language: en,zh
Accept-Ranges	指定服务器能否处理范围请求：bytes 表示能，none 表示不能	Accept-Ranges: bytes
Authorization	指定 HTTP 身份认证的凭据	Authorization: Basic QWxhZGRpbjpvcGVuIHNlc2FtZQ==
Cache-Control	指定请求和响应遵循的缓存机制	Cache-Control: no-cache
Connection	指定是否需要持久连接（HTTP 1.1 默认会进行持久连接）	Connection: close
Cookie	非常重要的 HTTP 请求头，用于将 Cookie 信息发送给服务器	Cookie: $Version=1; Skin=new;
Content-Length	指定请求的内容长度	Content-Length: 348
Content-Type	指定请求中的与实体对应的 MIME 信息	Content-Type: application/x-www-form-urlencoded
Date	指定请求发送的日期和时间	Date: Tue, 15 Nov 2010 08:12:31 GMT
Expect	指定请求的特定服务器行为	Expect: 100-continue
From	指定发出请求的用户的电子邮箱	From: user@email.com
Host	指定服务器的域名和端口号	Host: www.epubit.com
If-Match	设置客户端的 ETag（ETag 用来标识 URL 对象是否发生改变），仅当客户端的 ETag 和服务器生成的 ETag 一致时，才更新自从上次更新以来未发生改变的资源	If-Match: "737060cd8c284d8af7ad3082f209582d"
If-Modified-Since	设置更新时间，自从设置的更新时间到服务器接收请求这段时间内，如果资源没有发生改变，则允许服务器返回 304 Not Modified	If-Modified-Since: Sat, 29 Oct 2010 19:43:31 GMT

HTTP 请求头	作用	示例
If-None-Match	设置客户端的 ETag，如果客户端的 ETag 和服务器生成的 ETag 不一致，则允许服务器返回 304 Not Modified	If-None-Match: "737060cd8c284d8af7ad3082f209582d"
If-Range	返回客户端丢失的实体部分，否则返回整个实体	If-Range: "737060cd8c284d8af7ad3082f209582d"
If-Unmodified-Since	仅当实体在指定时间过后未发生修改时才请求成功	If-Unmodified-Since: Sat, 29 Oct 2010 19:43:31 GMT
Max-Forwards	限制信息通过代理和网关传送的时间	Max-Forwards: 10
Pragma	设置特殊的实现字段	Pragma: no-cache
Proxy-Authorization	设置连接到代理的授权凭据	Proxy-Authorization: Basic QWxhZGRppvcGVuIHNlc2FtZQ==
Range	指定范围，从而只请求实体的一部分	Range: bytes=500-999
Referer	设置前一个页面的地址	Referer: http://www.epubit.com/index.html
TE	设置客户端期望的传输编码	TE: trailers, deflate; q=0.5
Upgrade	向服务器指定某种传输协议以便服务器进行切换（如果支持的话）	Upgrade: HTTP/2.0, SHTTP/1.3, IRC/6.9, RTA/x11
User-Agent	设置发出请求的用户的信息	User-Agent: Mozilla/5.0（Linux; X11）
Via	设置网关或代理服务器的网址、通信协议等	Via: 1.0 fred, 1.1 nowhere.com （Apache/1.1）
Warning	设置警告信息	Warn: 199 Miscellaneous warning

表 C-3 展示了 HTTP 响应头。

表 C-3　HTTP 响应头

HTTP 响应头	作用	示例
Age	指定从原始服务器到代理缓存形成的时间（以秒为单位）	Age: 12
Allow	设置对于某特定资源的有效请求行为，如果不允许，就返回状态码 405	Allow: GET, HEAD
Cache-Control	指定从服务器到客户端的所有缓存机制是否可以缓存对象	Cache-Control: no-cache
Content-Encoding	指定 Web 服务器所返回内容的压缩编码类型	Content-Encoding: gzip
Content-Language	指定响应体的语言	Content-Language: en, zh
Content-Length	指定响应体的长度	Content-Length: 348
Content-Location	指定返回数据的另一个位置	Content-Location: /index.htm
Content-MD5	指定所返回资源的 MD5 校验值	Content-MD5: Q2hlY2sgSW50ZWdyaXR5IQ==
Content-Range	指定返回的内容属于完整消息体的哪一部分	Content-Range: bytes 21010-47021/47022

续表

HTTP 响应头	作用	示例
Content-Type	指定所返回内容的 MIME 类型	Content-Type: text/html; charset=utf-8
Date	指定原始服务器发出消息的时间	Date: Tue, 15 Nov 2010 08:12:31 GMT
ETag	用来标识特定版本的资源，通常是消息摘要	ETag: "737060cd8c284d8af7ad3082f209582d"
Expires	指定响应过期的日期和时间	Expires: Thu, 01 Dec 2010 16:00:00 GMT
Last-Modified	指定请求资源的最后修改时间	Last-Modified: Tue, 15 Nov 2010 12:45:26 GMT
Location	用来重定向非请求 URL 的位置，从而响应请求或标识新的资源	Location: http://www.epubit.com
Pragma	设置特殊的实现字段	Pragma: no-cache
Proxy-Authenticate	设置访问代理的请求权限	Proxy-Authenticate: Basic
Refresh	用来重定向或创建新的资源	Refresh: 5; url=http://www.nugetech.com
Retry-After	如果实体暂时不可获取，那么通知客户端在指定时间过后再次尝试	Retry-After: 120
Server	指定 Web 服务器的名称	Server: Apache/1.3.27 (Unix) (Red-Hat/Linux)
Set-Cookie	设置 HTTP Cookie	Set-Cookie: UserID=JohnDoe; Max-Age=3600; Version=1
Trailer	设置传输中分块编码的相关信息	Trailer: Max-Forwards
Transfer-Encoding	设置文件传输的编码格式	Transfer-Encoding:chunked
Vary	通知下一级代理如何匹配未来的请求头	Vary: *
Via	通知客户端代理发送什么响应	Via: 1.0 fred, 1.1 nowhere.com (Apache/1.1)
Warning	设置警告信息	Warning: 199 Miscellaneous warning
WWW-Authenticate	设置客户端请求实体使用何种授权方案	WWW-Authenticate: Basic

附录 D EvoSuite 的配置和使用

D.1 EvoSuite 的配置

以 Maven 项目为例，对于想要使用 EvoSuite 模块，需要对 pom.xml 文件中的以下部分进行修改。

D.1.1 properties 部分

在 pom.xml 文件的 properties 部分，添加代码清单 D-1 所示的内容。

代码清单 D-1

```
1   <properties>
2     <evosuiteVersion>1.0.6</evosuiteVersion>
3   </properties>
```

D.1.2 dependencies 部分

在 pom.xml 文件的 dependencies 部分，添加代码清单 D-2 所示的内容。

代码清单 D-2

```
1    <dependencies>
2      <dependency>
3          <groupId>junit</groupId>
4          <artifactId>junit</artifactId>
5          <version>4.12</version>
6          <scope>test</scope>
7      </dependency>
8      <dependency>
9          <groupId>org.evosuite</groupId>
10         <artifactId>evosuite-standalone-runtime</artifactId>
11         <version>${evosuiteVersion}</version>
12         <scope>test</scope>
13     </dependency>
14     <dependency>
15         <groupId>org.apache.maven.surefire</groupId>
16         <artifactId>surefire-junit4</artifactId>
17         <version>2.19</version>
18     </dependency>
19     <dependency>
20         <groupId>org.apache.maven.plugins</groupId>
21         <artifactId>maven-surefire-report-plugin</artifactId>
22         <version>3.0.0-M3</version>
23     </dependency>
24   </dependencies>
```

D.1.3 build 部分

在 pom.xml 文件的 build 部分，添加代码清单 D-3 所示的内容。

代码清单 D-3

```
1    <build>
2      <plugins>
3          <plugin>
4              <groupId>org.evosuite.plugins</groupId>
```

```
5              <artifactId>evosuite-maven-plugin</artifactId>
6              <version>1.0.6</version>
7              <executions><execution>
8                 <goals> <goal> prepare </goal> </goals>
9                 <phase> process-test-classes </phase>
10             </execution></executions>
11         </plugin>
12
13         <plugin>
14             <groupId>org.codehaus.mojo</groupId>
15             <artifactId>cobertura-maven-plugin</artifactId>
16             <version>2.7</version>
17             <configuration>
18                 <instrumentation>
19                     <ignores>
20                         <ignore>com.example.boringcode.*</ignore>
21                     </ignores>
22                     <excludes>
23                         <exclude>com/example/dullcode/**/*.class</exclude>
24                         <exclude>com/example/**/*Test.class</exclude>
25                     </excludes>
26                 </instrumentation>
27                 <check/>
28             </configuration>
29             <executions>
30                 <execution>
31                     <goals>
32                         <goal>clean</goal>
33                     </goals>
34                 </execution>
35             </executions>
36         </plugin>
37     <!--生成测试报告（命令行不带 surefire-report:report） -->
38         <plugin>
39             <artifactId>maven-surefire-plugin</artifactId>
40             <configuration>
41                 <testFailureIgnore>true</testFailureIgnore> <!-- /////// -->
```

```
42              <includes>
43                  <include>**/*Test.java</include>              <!-- /////// -->
44              </includes>
45              <excludes>
46                  <!-- -->
47              </excludes>
48          </configuration>
49      </plugin>
50
51  <!--生成格式更友好的测试报告-->
52  <plugin>
53      <groupId>org.jvnet.maven-antrun-extended-plugin</groupId>
54      <artifactId>maven-antrun-extended-plugin</artifactId> <!-- -->
55      <executions>
56          <execution>
57              <id>test-reports</id>
58              <phase>test</phase>              <!-- ///////////// -->
59              <configuration>
60                  <tasks>
61                      <junitreport
                            todir="${basedir}/target/surefire-reports">
62                          <fileset
                                dir="${basedir}/target/surefire-reports">
63                              <include name="**/*.xml" />
64                          </fileset>
65                          <report format="frames"
                                todir="${basedir}/target/surefire-reports"/>
                                      <!-- ///////////// -->
66                      </junitreport>
67                  </tasks>
68              </configuration>
69              <goals>
70                  <goal>run</goal>
71              </goals>
72          </execution>
73      </executions>
74      <dependencies>
```

```
75              <dependency>
76                  <groupId>org.apache.ant</groupId>
77                  <artifactId>ant-junit</artifactId>
78                  <version>1.8.0</version>
79              </dependency>
80              <dependency>
81                  <groupId>org.apache.ant</groupId>
82                  <artifactId>ant-trax</artifactId>
83                  <version>1.8.0</version>
84              </dependency>
85          </dependencies>
86      </plugin>
87      <plugin>
88          <groupId>org.apache.maven.plugins</groupId>
89          <artifactId>maven-surefire-report-plugin</artifactId>
90      </plugin>
91      </plugins>
92  </build>
```

D.1.4 project 部分

在 pom.xml 文件的 project 部分，添加代码清单 D-4 所示的内容。

代码清单 D-4

```
1   <plugin>
2   <project>
3       <reporting>
4           <plugins>
5               <plugin>
6                   <groupId>org.codehaus.mojo</groupId>
7                   <artifactId>cobertura-maven-plugin</artifactId>
8                   <version>2.7</version>
9               </plugin>
10          </plugins>
11      </reporting>
12  </project>
```

完成 EvoSuite 的配置后，进入 IntelliJ IDEA 的项目界面，单击界面底部的 Terminal 图标，进入当前配置好的模块，执行代码清单 D-5 所示的命令。

代码清单 D-5

```
mvn evosuite:generate evosuite:export test
```

上述命令执行完之后，即可在模块的 test 路径下看到测试用例。要想对生成的单元测试用例进行测试，可以单击 IntelliJ IDEA 项目界面底部的 Terminal 图标，进入当前配置好的模块，执行代码清单 D-6 所示的命令。

代码清单 D-6

```
mvn test
```

上述命令执行完之后，即可在模块的 target/surefire-reports 路径下看到 index.html 测试报告。继续执行代码清单 D-7 所示的命令。

代码清单 D-7

```
mvn cobertura:cobertura
```

上述命令执行完之后，对应模块的 target/sit/cobertura 路径下的 index 就是此次 AI-DT 单元测试脚本的代码覆盖率。

D.2　EvoSuite 使用中存在的问题及解决方法

EvoSuite 作为一种客户-服务器框架，能保证当服务器崩溃时仍保留已经生成的测试用例。

EvoSuite 引入了 Mock 框架 Mokito，在生成测试用例的过程中，EvoSuite 会不断模拟所有的外部依赖（它们也是自动生成的），同时自动生成测试脚本和测试数据（测试数据以先随机再深入搜索的方式生成）。EvoSuite 以实现最大覆盖率为目标，因此生成的测试用例最后都会有十分完美的覆盖率，无论是行覆盖率还是条件覆盖率。这也导致使用 EvoSuite 生成的测试用例在执行时必须有 EvoSuite 的支持才行，也就是说，EvoSuite 的配置必须一直保留在项目中。介绍完 EvoSuite 的优点，再来看一看 EvoSuite 有哪些不足。

纵观 EvoSuite 生成的所有测试用例，发现虽然它们都有非常完美的代码覆盖度，但并非所有测试用例都有正确的业务逻辑。通过观察发现，EvoSuite 生成的测试用例和我们手写的测试用例可以同时运行，因此建议读者在项目中手动添加业务逻辑正确的测试用例，这是保障被测项目质量的一种行之有效的手段。

D.2.1　处理 TooManyResourceException 异常

在使用 JUnit 单元测试框架时，很有可能出现代码清单 D-8 所示的异常信息。

代码清单 D-8

```
1    Exception:
2    Caused by: org.evosuite.runtime.TooManyResourcesException: Loop has been executed
     more times than the allowed 10000
3    at org.evosuite.runtime.LoopCounter.checkLoop(LoopCounter.java:115)
4    at org.apache.xerces.impl.io.UTF8Reader.read(Unknown Source)
5    at org.apache.xerces.impl.XMLEntityScanner.load(Unknown Source)
6    at org.apache.xerces.impl.XMLEntityScanner.skipSpaces(Unknown Source)
7    at org.apache.xerces.impl.XMLDocumentScannerImpl$PrologDispatcher.
        dispatch(Unknown Source)
8    at org.apache.xerces.impl.XMLDocumentFragmentScannerImpl.
        scanDocument(Unknown Source)
9    at org.apache.xerces.parsers.XML11Configuration.parse(Unknown Source)
10   at org.apache.xerces.parsers.XML11Configuration.parse(Unknown Source)
11   at org.apache.xerces.parsers.XMLParser.parse(Unknown Source)
12   at org.apache.xerces.parsers.DOMParser.parse(Unknown Source)
13   at org.apache.xerces.jaxp.DocumentBuilderImpl.parse(Unknown Source)
14   at javax.xml.parsers.DocumentBuilder.parse(DocumentBuilder.java:121)
15   at org.apache.poi.util.DocumentHelper.readDocument(DocumentHelper.
        java:137)
16   at org.apache.poi.POIXMLTypeLoader.parse(POIXMLTypeLoader.java:115)
17   at org.openxmlformats.schemas.spreadsheetml.x2006.main.
        StyleSheetDocument$Factory.parse(Unknown Source)
18   at org.apache.poi.xssf.model.StylesTable.readFrom(StylesTable.java:203)
19   at org.apache.poi.xssf.model.StylesTable.(StylesTable.java:146)
```

EvoSuite 生成的所有单元测试类均继承自同名的脚手架类，在对应的脚手架类的@BeforeClass 部分，参数 org.evosuite.runtime.RuntimeSettings.maxNumberOfIterationPerLoop 为 10 000。当我

们使用 JUnit 单元测试框架时，就是因为此项设置才出现代码清单 D-8 所示的异常信息。那么，org.evosuite.runtime.RuntimeSettings.maxNumberOfIterationPerLoop 参数有什么作用呢？通过分析 EvoSuite 框架的源代码，我们发现 evosuite/runtime/src/main/java/org/evosuite/runtime/LoopCounter.java 文件的第 110～123 行能够抛出同样的异常，根据 EvoSuite 框架作者的注释，这个参数是为了避免无限循环而专门设置的。

通过分析源代码的异常抛出位置可以看出，该异常是某些代码执行的次数超过 10 000 造成的，循环执行这么多次既有可能是模拟数据导致的，也有可能是内部脚本发生逻辑异常导致的。我们可以通过修改 maxNumberOfIterationPerLoop 参数的条件判断来避免抛出异常。修改 evosuite/runtime/src/main/java/org/evosuite/runtime/ LoopCounter.java 文件的第 96～98 行，如代码清单 D-9 所示。

代码清单 D-9

```
1    if(RuntimeSettings.maxNumberOfIterationsPerLoop < 0){
2            return;              //什么也不做
3        }
```

修改 /Users/chancriss/Desktop/WorkSpace/JavaSpace/github/evosuite/runtime/src/main/java/org/ evosuite/runtime/instrumentation/RuntimeInstrumentation.java 文件的第 144～146 行，如代码清单 D-10 所示。

代码清单 D-10

```
15  if (RuntimeSettings.maxNumberOfIterationsPerLoop >= 0) {
16  cv = new LoopCounterClassAdapter(cv);
17  }
```

由此可见，为了避免此类问题的出现，我们要做的并不是在对应的脚手架类中增大 org. evosuite.runtime.RuntimeSettings.maxNumberOfIterationPerLoop 参数的值，而是将其设置成一个小于 0 的值。

D.2.2 处理 EvoSuite 字节码注入和 Jacoco 字节码注入之间的冲突

在使用 Jacoco 统计代码覆盖率的过程中，我们有时会发现统计的代码覆盖率是 0，原因可能是 EvoSuite 的字节码注入和 Jacoco 这类工具的字节码注入发生了冲突。字节码注入会改变编译器生成的某个类的字节码，从而完成计算某个方法的执行需要多长时间、改变执行流程等任务。我们可以添加或改变应用程序的字节码，这样就不用修改整个应用程序源了。这个问题的最佳解决方案就是换一种统计代码覆盖率的工具，这里推荐使用 Cobertura。

D.2.3　JVM 的巨型函数

在使用 EvoSuite 的过程中，有时会出现"Code too large to compile"（代码太长，无法编译）错误，但这种错误现在已经很难在编译代码时看到，尤其在面向对象思想的影响下，这种错误基本上不会发生。之所以发生这种错误，是因为 JVM 不允许一个函数编译后的字节码超出 64KB。

我们将编译后的字节码超出 64KB 的函数称作"巨型函数"。事实上，即使一个函数编译后的字节码没有超出 64KB，如果在运行时其他工具或库使得对应的字节码超出 64KB，那么也会出现 java.lang.VerifyError 错误。这种错误也是 EvoSuite 的字节码注入导致的，但这确实是 JVM 的问题，目前还没有什么好的解决方案。

附录 E　nmon

Linux 服务器的监控工具有很多，不仅有收费的、开源的，还有使用命令行的，那要如何选择呢？在 Linux 内核的资源监控方面，选择哪款工具主要从以下两方面进行衡量。

❑ 要足够轻：对服务器的资源消耗要足够小，减少由于引入监控工具对结果的影响。

❑ 要留存历史：在测试过程中，监控要可以将一段时间的数据留存下来。也就是说，要通过设定时间或者其他方式将监控结果导出，以便后续分析使用。

nmon 就可以完全满足上述需求。它既是一个轻便的监控工具，又是结果分析工具。本附录介绍如何使用 nmon。

E.1　如何部署

进入 nmon 官网，选择所需要的版本，一般选择 x86 的安装包。此外，还有 Power 架构的源代码包，这些是由 CPU 的架构决定的。

CPU 架构分类如下：

❑ IBM 的 PowerPC 架构（Power G4/G5/G6、PowerXCell）；

❑ MIPS 的 MIPS 架构（多家厂商，包括 AMD 也获授权生产，龙芯也是 MIPS 的变体）；

- ❑　SUN 的 UltraSPARC 架构（UltraSPARC III/IV/VI/T1/T2）；

- ❑　DEC 的 Alpha 架构（现今少见，DEC 被 Compaq 收购，Compaq 又被 HP 收购）；

- ❑　Acorn 的 ARM 架构；

- ❑　Intel 和 HP 的 EPIC 架构（Iantium、Iantium2），即 IA64 架构，也称为 x86_64。

下面就以下载 x86_64 为例进行介绍。nmon 安装包列表如图 E-1 所示。

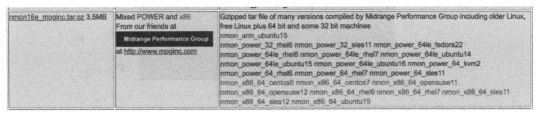

图 E-1　nmon 安装包列表

进入 Shell 客户端，下载 nmon 安装包并解压，如图 E-2 所示。

```
[root@localhost        ]# wget https://nchc.dl.sourceforge.net/project/nmon/nmon16e_mpginc.tar.gz
--2018-09-10 15:15:14--  https://nchc.dl.sourceforge.net/project/nmon/nmon16e_mpginc.tar.gz
正在解析主机 nchc.dl.sourceforge.net... 211.79.60.17, 2001:e10:ffff:1f02::17
正在连接 nchc.dl.sourceforge.net|211.79.60.17|:443... 已连接。
已发出 HTTP 请求，正在等待回应... 200 OK
长度: 3456878 (3.3M) [application/x-gzip]
正在保存至: "nmon16e_mpginc.tar.gz"
```

图 E-2　下载 nmon 安装包

安装 nmon 的命令如代码清单 E-1 所示。

代码清单 E-1

```
1.   wget http://sourceforge.net/projects/nmon/files/nmon16e_mpginc.tar.gz
2.   tar zxvf nmon16e_mpginc.tar.gz
3.   mkdir /usr/local/bin/nmon/
4.   cp -r * /usr/local/bin/nmon/
5.   cp /usr/local/bin/nmon/
6.   chmod 777 nmon
7.   cd nmon
8.   #运行哪个工具由操作系统版本而定
9.   ./nmon_x86_64_centos6
```

执行代码清单 E-1 所示的命令，即可进入图 E-3 所示的界面。

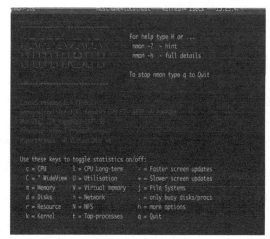

图 E-3 nmon 首页界面

输入 "c"，查看 CPU 的信息；输入 "m"，查看对应内存，输入 "n"，查看对应网络；输入 "d"，查看磁盘信息；输入 "t"，查看系统的进程信息。具体参数在工具的主页中有详细介绍，这里就不再介绍了。页面内容如图 E-4 所示。

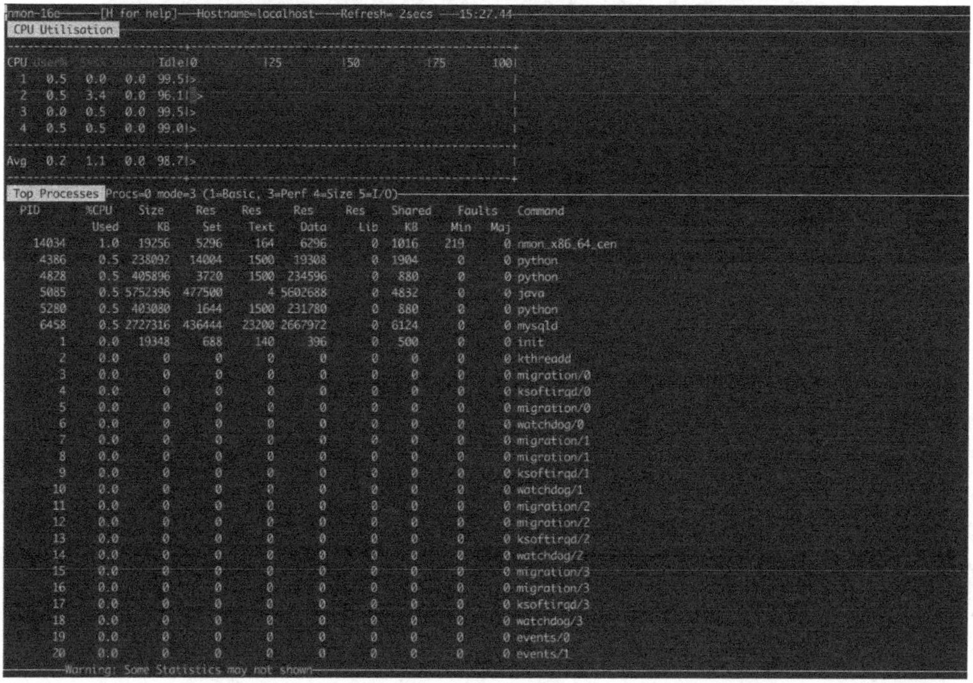

图 E-4 页面内容

E.2 服务器资源的收集

在真实的测试过程中，我们有可能需要了解某一段时间内服务器的资源使用情况，因此需要对服务器资源进行采集。nmon 是可以满足这样的需求的。先看一个小示例，如代码清单 E-2 所示。

代码清单 E-2

```
nmon -s 1 -c 10 -s 4 -f -m /home
```

上述参数的含义如下。

❑ -s 表示每隔 *n* 秒抽样一次，这里为 1s。

❑ -c 表示抽样数量，这里为 10，即监控时间为 10s。

❑ -f 表示按标准格式输出文件名称，即<hostname>_YYYYMMDD_HHMM.nmon。

❑ -m 表示结果输出路径。

输入 nmon 后，在 nmon 界面中，输入命令 "-h"，查看全部帮助信息。

E.3 利用 Excel 工具做分析

nmon 中有一个 Excel 分析工具——nomn analyser，由 IBM 提供。在 IBM 官网下载 nmon analyser，如图 E-5 所示。

下载并解压后，会看到一个 Word 文件和一个 Excel 文件，其中 Excel 文件是工具，Word 文件是使用手册，如图 E-6 所示。

在 Linux 系统下由 nmon 工具生成的监控结果如图 E-7 所示。

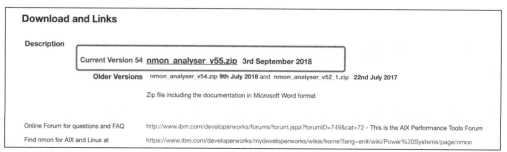

图 E-5   下载 nmon analyser

图 E-6   解压后的文件

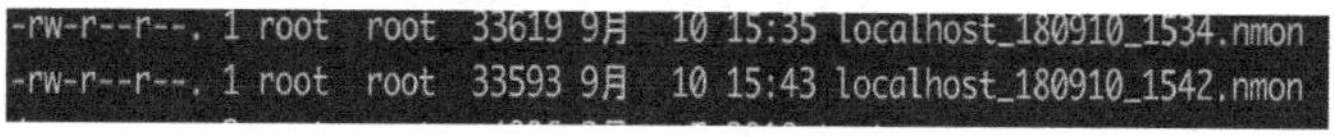

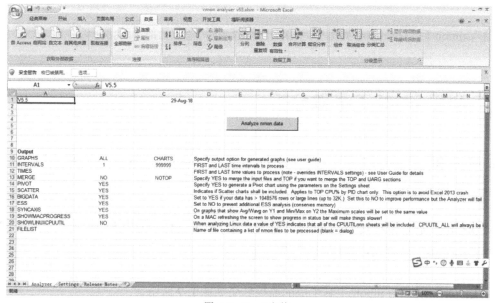

图 E-7   生成的监控结果

打开 Excel 文件，如图 E-8 所示。

图 E-8   Excel 文件

然后单击 Analyze nmon data 按钮，选择服务器的记录文件，如果按钮无法单击，启用宏即可，如图 E-9 所示。

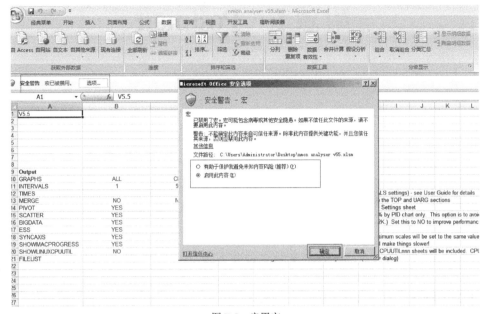

图 E-9　启用宏

选择刚刚导出的结果，我们就可以看到图形化的 Linux 资源占用情况分析了。

附录 F　Postman

F.1　下载和安装

在 Postman 官网选择对应平台的安装文件并下载。

对于 Windows 平台，下载后按照提示依次单击"下一步"按钮，安装之后，会在"开始"菜单中找到该工具。

对于 macOS 平台，下载后，解压 ZIP 安装包。双击 Postman 安装文件后，单击 Move to Applications Folder 按钮即可安装，在启动台中可以找到该程序。

对于 Linux 平台，下载二进制的分发包并解压后，在解压目录中找到 Postman 图标双击即可启动程序。此外，Postman 还可以使用 Chrome 插件安装。进入 Chrome 商店，搜索 Postman，直接安装即可。

F.2　开始使用 Postman

打开软件，输入被测接口的 URL，单击 Params 按钮，设置请求参数，选择请求方法，如 GET.POST。单击 Send 按钮，一个简单的请求过程就完成了。发送完请求后，查看接口返回的 JSON 信息。下面就介绍 Postman 的一些常用功能和使用技巧。

F.2.1　使用测试用例集管理被测接口

Postman 提供了创建测试集合的功能。在 Postman 界面的左侧窗格中，单击文件夹形状的图标，创建测试集合，如图 F-1 所示。

在打开的窗口中，填写集合名称和被测接口的描述，这样一个测试集合就创建了。Postman 还支持在这个测试集合下继续创建测试集合，如图 F-2 所示。

图 F-1　创建测试集合

图 F-2　测试集合

根据实际情况，将被测接口分类归纳到一起。

F.2.2　验证接口返回

Postman 不仅可用于发送请求，还可以通过 Tests 功能验证返回结果的正确性。在请求配置区域中，选择 Tests 选项卡，如图 F-3 所示。

图 F-3　选择 Tests 选项卡

左侧为编辑区域，用户可以自己尝试编写 JavaScript 代码，对结果进行校验。右侧提供了一些常用的测试脚本，这些脚本基本可以满足日常测试工作的需求。单击相应的测试脚本，如"Response body：Contains string"（顾名思义，这用于校验在响应中是否存在指定的文本）。选择完成后，编辑区域会自动写好样例代码，测试人员只需要稍做修改即可。校验 Price 字段是否存在，如图 F-4 所示。

图 F-4　校验 Price 字段是否存在

常用示例，如代码清单 F-1 所示。

代码清单 F-1

```
1.        tests["返回内容为百度"] = responseBody === "百度";
2.        tests["Response time 矩于 200 毫秒"] = responseTime > 200;
3.        tests["Status code is 200"] = responseCode.code === 200;
4.        postman.setEnvironmentVariable("key", "value");
5.        postman.setGlobalVariable("key", "value");
6.        var jsonObject = xml2Json(responseBody);
7.        //检查 JSON 值
8.        {
9.          "status": 301,
10.         "message": "无结果",
11.         "lists": [11]
12.       }
13.       //脚本示例
14.       var jsonData = JSON.parse(responseBody);
15.       tests["Your test name"] = jsonData.value === 100;
16.       tests["状态码为 301"] = jsonData["status"] == "301";
17.       tests["message"] = jsonData["message"] == "无结果";
18.       tests["list"] = jsonData["lists"][0] == "11";
```

虽然 tests["xxx"]xxx 在一个脚本中出现多次，但是只在第一次出现时执行，所以不要重复。

F.2.3　全局变量解决上下文依赖

在测试过程中，经常会遇到当前接口依赖其他接口数据，或者通过 Cookie 校验当前接口请求是否由登录用户发出。我们可以通过 Postman 提供的环境变量/全局变量功能来解决这个问题。假设接口 B 的入参依赖接口 A，我们就可以创建一个测试工具集，然后保存 api1 和 api2 接口，注意它们在测试集合中的顺序。在接口 A 的测试脚本 api1 中，获取需要的内容，并设置为全局变量，然后在 B 接口的测试脚本 api2 的入参中使用该全局变量。例如，有一个登录页面 C，一个登录状态验证接口 D，当 C 页面向 D 接口发起请求时，都要带上 C 页面的 HTML 代码中特定位置的一段随机字符串，作为 D 接口请求的 Body 中的 Token 值。在测试集合中，创建 apic 测试脚本，在测试脚本中，获取 Token 值，如代码清单 F-2 所示。

代码清单 F-2

```
1    var pattern = /[a-z0-9A-Z]{40}/;
2    var _token = responseBody.match(pattern)[0];
3    postman.setGlobalVariable("_token", _token);
```

然后，继续创建 apid 测试脚本，在接口 D 的 Body 中，输入"key：token，Value：{{token}}"，这样当运行整个测试集时，接口 D 的测试脚本 apid 就可以获得正确的 Token。如果接口 E 依赖 D 接口返回的 Cookie，那么怎么办呢？思路和方法与前面一样。